# 澳大利亚和新西兰污染地块环境管理框架与责任追溯

杜　平　任　杰　高新华　施　川　著

科学出版社

北京

# 内 容 简 介

　　本书通过调研澳大利亚和新西兰有关污染地块管理的法律法规、政策、标准、技术指南和工程案例等资料，系统介绍两国污染地块环境管理框架，探讨污染责任主体认定、责任承担、追责机制等方面的经验与教训，提出针对我国污染地块环境管理的政策建议。

　　本书既可作为环境科学、环境工程、环境生态工程、资源与环境等专业学生的学习用书，又可作为从事土壤污染调查评估、修复与责任认定等工作的科研人员的参考用书。

**图书在版编目（CIP）数据**

　　澳大利亚和新西兰污染地块环境管理框架与责任追溯/杜平等著. —北京：科学出版社，2024.6
　　ISBN 978-7-03-078604-3

　　Ⅰ. ①澳… Ⅱ. ①杜… Ⅲ. ①土壤污染-修复-环境监理-澳大利亚②土壤污染-修复-环境监理-新西兰 Ⅳ. ①X53

　　中国国家版本馆 CIP 数据核字（2024）第 108510 号

责任编辑：韩　东 / 责任校对：赵丽杰
责任印制：吕春珉 / 封面设计：东方人华平面设计部

*科学出版社* 出版
北京东黄城根北街 16 号
邮政编码：100717
http://www.sciencep.com
**北京九州迅驰传媒文化有限公司印刷**
科学出版社发行　　各地新华书店经销

\*

2024 年 6 月第 一 版　　开本：B5（720×1000）
2024 年 6 月第一次印刷　　印张：8 1/4
字数：156 000

定价：88.00 元
（如有印装质量问题，我社负责调换）
销售部电话 010-62136230　编辑部电话 010-62135120-8018

# 序

20 世纪中期以来，随着工业化和城市化的快速发展，粗放的工业发展模式、工业企业排放、矿产资源开发以及相对滞后的环境监管，世界各国土壤污染问题开始突显。欧美发达国家在 20 世纪 80 年代就将土壤纳入国家环境管理体系，并逐渐形成完善的集法律法规、技术标准和管理机制为一体的土壤污染防治框架体系。

与欧美发达国家相比，我国土壤污染防治工作起步较晚。21 世纪初，在快速城市化和土地开发过程中发生的一些污染事件，推动我国开始重视污染地块环境监管工作。2004 年 6 月，国家环境保护总局办公厅印发《关于切实做好企业搬迁过程中环境污染防治工作的通知》（环办〔2004〕47 号），污染地块环境管理工作正式启动。2008 年 6 月，环境保护部印发《关于加强土壤污染防治工作的意见》（环发〔2008〕48 号），首次系统提出了我国土壤污染防治的指导思想、基本原则、主要目标、重点领域和主要措施。2016 年 5 月，国务院印发《土壤污染防治行动计划》（国发〔2016〕31 号），明确了到 2020 年土壤污染防治的目标指标、任务措施和职责分工，标志着净土保卫战在全国范围内打响。2018 年 8 月，第十三届全国人民代表大会常务委员会第五次会议审议通过《中华人民共和国土壤污染防治法》，填补了我国土壤污染防治领域的法律空白。经过近二十年的努力，我国土壤污染防治工作取得积极进展，基本建立了与国际接轨的以风险管控为核心的土壤污染防治法律法规标准体系。

针对污染地块环境管理，2016 年 12 月，环境保护部发布《污染地块土壤环境管理办法》，建立了污染地块调查与风险评估、风险管控、治理与修复以及监督管理制度，在防控污染地块环境风险、保障人们"住得安心"方面发挥了重要作用。但在实践中还存在一些需要完善的问题，特别是责任追溯与溯源方面。从美国、加拿大、英国、德国等国家针对污染地块的环境管理经验来看，一个完整有效的污染地块管理框架应该包括由专门立法建立的明确责任体系、完善的资金支持机制、明确的管理机构以及相关的技术标准、导则等。澳大利亚和新西兰污染地块管理体系是在参考美国管理经验的基础上建立起来的，但在责任认定、地块污染溯源与修复融资等方面建立了更为完善的机制，这些机制对我国污染地块环境监管体系的完善具有借鉴意义。

杜平等同志编写的《澳大利亚和新西兰污染地块环境管理框架与责任追溯》一书系统介绍了澳大利亚和新西兰污染地块环境管理方面的经验与教训，重点探讨了污染责任主体认定与追溯、修复融资、后期监管等重要问题的监管机制，并结合我国实际，提出了完善污染地块环境管理的政策建议。希望这本书的出版，对完善我国污染地块环境管理制度、推动土壤污染防治工作不断深入发挥积极作用。

　　是为序。

生态环境部土壤与农业农村<br>
生态环境监管技术中心主任　洪玉锭

# 前　　言

目前，我国针对澳大利亚和新西兰污染地块管理体系的相关研究相对较少。澳大利亚和新西兰污染地块管理体系是在借鉴美国管理经验的基础上发展起来的，它们的污染责任认定机制借鉴了美国超级基金法案。澳大利亚建立了比美国超级基金法案更为全面的追责机制，扩大了环境责任的范围，更为详细地规定了承担环境责任的当事人范围、主体及认定机制。同时，澳大利亚和新西兰在地块调查与修复融资机制方面也有突破，如特殊地块修复基金制度、地块保证金制度、环境债权制度等，这些制度对我国污染地块环境管理与责任认定都具有重要的借鉴意义。

澳大利亚和新西兰是位于大洋洲的两个发达国家，它们之间有着深厚的文化渊源。紧密的自由贸易协定和贸易关系促进了两国的经济一体化，因此澳大利亚与新西兰之间的关系也被称为"跨塔斯曼关系"。源于这种紧密的联系，新西兰的污染地块管理体系与澳大利亚有相通之处，且兼具自身特点。对澳大利亚和新西兰的污染地块管理框架进行对比研究，可以较为全面地呈现两国污染地块的管理模式。

本书系统介绍澳大利亚和新西兰两国污染地块环境管理框架，研究两国在污染地块责任主体认定、责任承担、追责机制等方面的经验和教训，提出我国污染地块管理的政策建议，内容翔实、通俗易懂。

作者在写作本书过程中得到了生态环境部土壤生态环境司的大力支持与帮助。团队成员陈娟、秦晓鹏、罗会龙、石静、刘继东、刘小莲、何赢、郝冲凯等在本书的资料收集方面做了大量工作。在此，对他们的辛勤劳动和付出表示感谢。

由于作者水平有限，且写作时间有限，书中难免存在不足之处，恳请广大读者批评指正。

# 目　　录

# 第一章 绪 论

随着社会经济迅速发展、城市化进程加快及产业结构调整，土地资源日益紧缺，许多城市将主城区的工业企业迁移到市区外，产生了大量存在环境风险的地块，在国际上这种地块被称为"污染场地（contaminated site）"或"棕地（brown field）"，在我国这种地块被统称为"污染地块"。在污染地块的再开发利用过程中，必须高度重视土壤环境安全问题。如果我国有 5% 的企业场址成为污染地块，则我国的污染地块数量可达 100 万个以上，这与欧盟估计的欧洲污染地块数量和美国估计的美国污染地块数量相当。我国污染地块数量巨大，一些重污染企业遗留地块的土壤和地下水受到严重污染，环境安全隐患突出。截至 2022 年年底，全国共计 30 个省（自治区、直辖市）在省级生态环境部门网站上公布了建设用地土壤污染风险管控和修复名录。据公开信息，这类地块共计 527 个，其中浙江数量最多，为 63 个地块；吉林、宁夏和新疆公布数量最少，分别为 1 个地块（截至 2019 年年底数据）[1]。

中国在快速城市化和土地开发过程中，发生了一些污染事件，其中有些事件经过媒体报道，引起了公众的广泛关注。例如，2004 年北京市宋家庄地铁工程施工工人的中毒事件，对这次事件的处理成为我国重视工业污染地块环境修复与安全再开发的开端。发生该事件后，国家环境保护总局办公厅于 2004 年 6 月 1 日发布了《关于切实做好企业搬迁过程中环境污染防治工作的通知》（环办〔2004〕47号），要求关闭或破产企业在结束原有生产经营活动、改变原土地使用性质时，必须对原址土地进行调查监测，报环境保护主管部门审查并制订土壤功能修复实施方案。对于已经开发和正在开发的外迁工业区域，要对施工范围内的污染源进行调查，确定清理工作计划和土壤功能恢复实施方案，尽快消除土壤环境污染。2008年 6 月，环境保护部发布《关于加强土壤污染防治工作的意见》（环发〔2008〕48号），提出了充分认识加强土壤污染防治的重要性和紧迫性，明确土壤污染防治的指导思想、基本原则和主要目标，突出土壤污染防治的重点领域，强化土壤污染防治工作措施。其中，工作措施包括搞好全国土壤污染状况调查，建立健全土壤污染防治法律法规和标准体系，加强土壤环境监管能力建设，开展污染土壤修复与综合治理试点示范，建立土壤污染防治投入机制，增强科技支撑能力，加大土壤污染防治宣传、教育与培训力度。2016 年 5 月 28 日，国务院印发《土壤污染防治行动计划》，明确了我国土壤污染防治行动计划的总体要求、工作目标和主要指标。环境保护部于 2016 年发布《污染地块土壤环境管理办法（试行）》，环境保护部、农业部于 2017 年发布《农用地土壤环境管理办法（试行）》，为开展土壤防治工作、扎实推进"净土保卫战"提供法治保障。2018 年 5 月 3 日,生态环境部发布《工矿用地土壤环境管理办法(试行)》。2018 年 6 月 22 日,生态环境部与国家市场监督管理总局联合发布《土壤环境质量 建设用地土壤污染风险管控标准(试行)》(GB 36600—2018)、《土壤环境质量 农用地土壤污染风险管控标准(试行)》(GB 15618—2018)两项土壤环境质量标准。2018 年 8 月 31 日,第十三届全国人民代表大会常务委员会第五次会议通过了《中华人民共和国土壤污染防治法》,该法是为防止土壤污染、进行土壤环境整治与污染土壤修复而制定的法律,规定了落实土壤污染防治的政府责任,建立了土壤污染责任人制度、土壤污染防治管理制度、土壤有毒有害物质防控制度、土壤污染风险管控和修复制度及土壤污染防治基金制度,对预防与治理污染土壤、提高土壤的可持续利用,以及实现经济、社会与环境的协调发展,都具有极其重要的意义。至此,我国污染地块防治有了相对完整的管理框架。

我国土壤污染主要是由工矿业、农业生产等人类活动和自然因素叠加影响造成的。工业发达地区、工矿企业集中区是区域土壤污染的重灾区,重金属自然背景高及土壤酸化等因素导致一些区域出现土壤重金属污染问题[2]。对于污染地块,可通过物理、化学或生物的方法进行治理与修复,以降低其危害,恢复其功能。修复与治理需要大量的资金,因此谁来承担污染地块治理与修复费用,如何构建追责机制,是污染地块管理的核心问题。研究国际上较早建立污染地块管理框架体系国家的相关经验,研究污染责任认定方法,构建责任认定与追溯机制,对我国污染地块的修复与再开发具有重要意义。

从 20 世纪 70 年代开始,西方国家(如美国、英国、德国、加拿大、荷兰、澳大利亚等)先后建立了污染地块管理框架体系。美国 1976 年颁布了《资源保护与回收法》(Resource Conservation and Recovery Act),对地块污染预防做出法律规定,1980 年发布了《综合环境响应、赔偿和责任法》(Comprehensive Environmental Response,Compensation, and Liability Act),规定土地所有者和使用者对土地污染负责并负有清除污染的义务,批准设立污染地块管理与修复基金(简称"超级基金")。加拿大土壤环境管理主要由加拿大环境部长委员会(Canadian Council of Ministers of the Environment,CCME)及其下设的土壤质量方针任务组负责协调。加拿大环境部长委员会负责发布土壤环境管理框架、标准、评估导则和修复技术导则,建立全国统一的污染地块调查制度。1989 年 11 月,加拿大环境部长委员会建立了《国家污染地块修复计划》(National Contaminated Sites Remediation Program),规定的 3 个关键任务分别为:确保责任方承担地块修复的费用;帮助修复无责任主体(无法找到责任主体,或所有者无法或不愿意为修复提供资金)的高风险污染地块;与工业部门合作,推进新型修复技术的研发,同时促进加拿大的环境技术产业。

欧洲各国污染地块管理框架体系各有不同,以英国、德国、荷兰最具代表性。

英国污染地块的管理基于《受污染土地法定指导》(Contaminated Land Statutory Guidance)，该文件是根据 1990 年颁布的《环境保护法》第 2A 部分 (Environmental Protection Act 1990: Part 2A) 的规定制定的。《环境保护法》第 2A 部分是英国污染地块管理的核心法规，构建了污染地块的确定、评估和修复过程管理体系。2004 年 9 月，英国环境署公布了污染地块管理示范程序，建立了污染地块修复与风险管控的技术框架。德国于 1998 年颁布了《联邦土壤保护法 1998》(Federal Soil Protection Act 1998)，依据该法制定颁布了《联邦土壤保护与污染地块条例 1999》(Federal Soil Protection and Contaminated Sites Ordinance 1999)，规定了土壤保护和污染地块修复的具体要求，提出基于触法值、行动值和预防值的风险管理标准。荷兰是欧盟成员国中较早制定土壤保护专门法律的国家之一，于 1983 年开始土壤保护的立法工作，于 1987 年正式实施《土壤保护法》(Soil Protection Act)。2008 年 1 月，荷兰颁布《土壤质量法令》(Soil Quality Decree)，建立土壤质量标准框架，以保护人体健康、生态风险和农业生产为目的，针对不同土壤功能设立了近 10 种标准。日本是最早颁布专门的土壤污染防治法律的亚洲国家，其于 1970 年颁布的《农业用地土壤污染防治法》以农村土壤污染为防治对象，2002 年颁布的《土壤污染对策法》则主要解决城市土壤污染和地下水污染问题。《土壤污染对策法实施令》和《土壤污染对策法实施细则》是《土壤污染对策法》的配套法规。

　　从美国、加拿大、英国、德国、荷兰和日本针对污染地块的管理经验来看，一个完整有效的污染地块管理框架应包括由专门立法建立的明确责任体系、完善的资金支持机制、明确的管理机构及相关技术标准、导则等。

　　澳大利亚[3]位于南太平洋和印度洋之间，由澳大利亚大陆、塔斯马尼亚岛等岛屿和海外领土组成。1770 年，英国航海家宣布英国占有这片土地。1788 年，英国流放到澳大利亚的第一批犯人抵达悉尼湾，英国开始在澳大利亚建立殖民地。1900 年，英国议会通过《澳大利亚联邦宪法》和《不列颠自治领条例》。1901 年，澳大利亚各殖民区改为州，成立澳大利亚联邦。1931 年，澳大利亚成为英联邦内的独立国家。1986 年，英国议会通过《与澳大利亚关系法》，从此澳大利亚获得完全立法权和司法终审权。澳大利亚全国划分为 6 个州和 2 个地区：6 个州分别为新南威尔士州 (New South Wales, NSW)、维多利亚州 (Victoria)、昆士兰州 (Queensland)、南澳大利亚州 (South Australia, SA)、西澳大利亚州 (Western Australia, WA)、塔斯马尼亚州 (Tasmania)；2 个地区分别为北方领土地区 (Northern Territory, NT) 和首都地区 (Australian Capital Territory, ACT)。各州有州督、州议会、州政府和州长，州政府管理地方政府。澳大利亚是一个工业化国家，农牧业发达，自然资源丰富，盛产羊、牛、小麦和蔗糖，也是世界重要的矿产品生产国和出口国。

　　澳大利亚作为一个联邦制国家，联邦政府没有针对污染地块治理与修复的专门立法，而是由州政府/地区政府立法。为了解决由宪法规定的"中央-地方分权体制"不能有效治理环境污染的问题，澳大利亚联邦政府、6 个州政府、2 个地区政府和澳大利亚地方政府协会共同签订了《政府间环境协定》（Intergovernmental Agreement on the Environment，IGAE），以明确联邦政府、州政府/地区政府和地方政府在环境保护上的职责与权限。

澳大利亚司法架构①如图 1-1 所示。

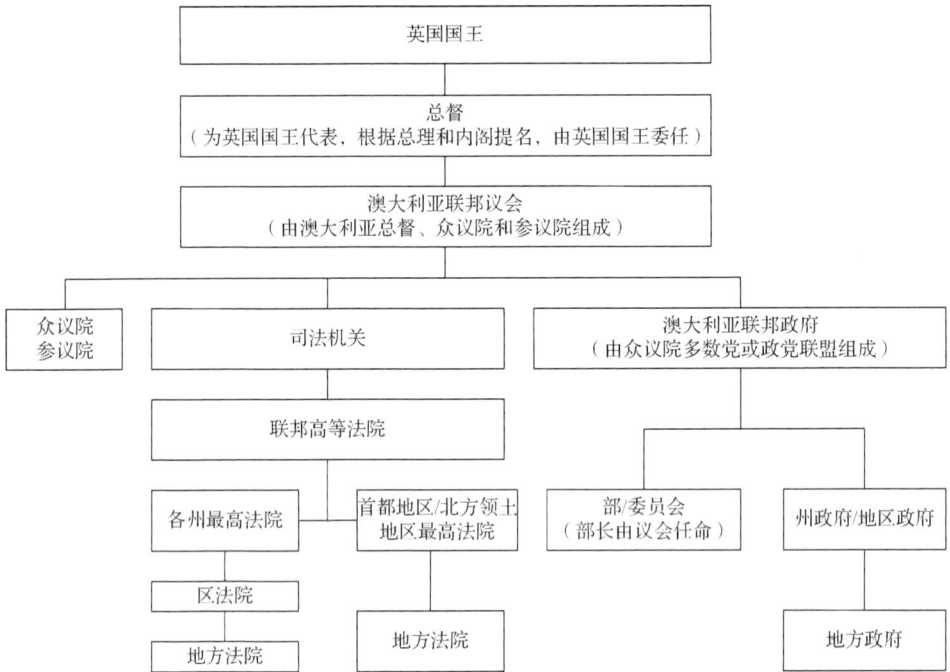

图 1-1　澳大利亚司法架构

新西兰[4]位于太平洋西南部，西隔塔斯曼海与澳大利亚相望，由南岛、北岛及一些小岛组成。1777 年后英国向新西兰大批移民并宣布占领。1840 年，新西兰成为英国殖民地。1907 年新西兰独立，成为英国自治领，政治、经济、外交受英国控制。1947 年新西兰成为主权国家，同时为英联邦成员。新西兰无成文宪法，其宪法是由英国议会和新西兰议会先后通过的一系列法律和修正案及英国枢密院的某些决定所构成。新西兰全国设有 11 个大区、5 个单一辖区、67 个地区行政机构（其中包括 13 个市政厅、53 个区议会和查塔姆群岛议会）。新西兰以农牧业为主，主要有奶制品、毛毯、皮革、烟草、造纸、木材加工等轻工业。近年来，新西兰陆续建立了一些重工业，如炼钢、炼油、炼铝、制造农用飞机等。

---

① 澳大利亚司法架构的依据是澳大利亚宪法（Australian Constitution），于 1901 年颁布生效。它确立了澳大利亚联邦政府的组织结构和权力分配制度，也规定了司法系统的结构与职责。

　　新西兰政府与地方政府之间不存在行政隶属关系，它们依据法律规定各自行使法定的职权。新西兰政府提请议会通过的《资源管理法 1991》（Resource Management Act 1991）是针对自然资源和环境管理的法律。依据该法，新西兰政府主要借助《国家政策公报》（National Policy Statements）和《国家环境标准》（National Environmental Standards）实施资源管理；区域委员会和地区行政机构负责制订区域政策公报和计划，环保部门负责具体实施；新西兰政府还制定了一些相应的标准、政策和计划，建立了环境信息中心，调查环境质量，做出环境决策[5]。

　　新西兰司法架构①如图 1-2 所示。

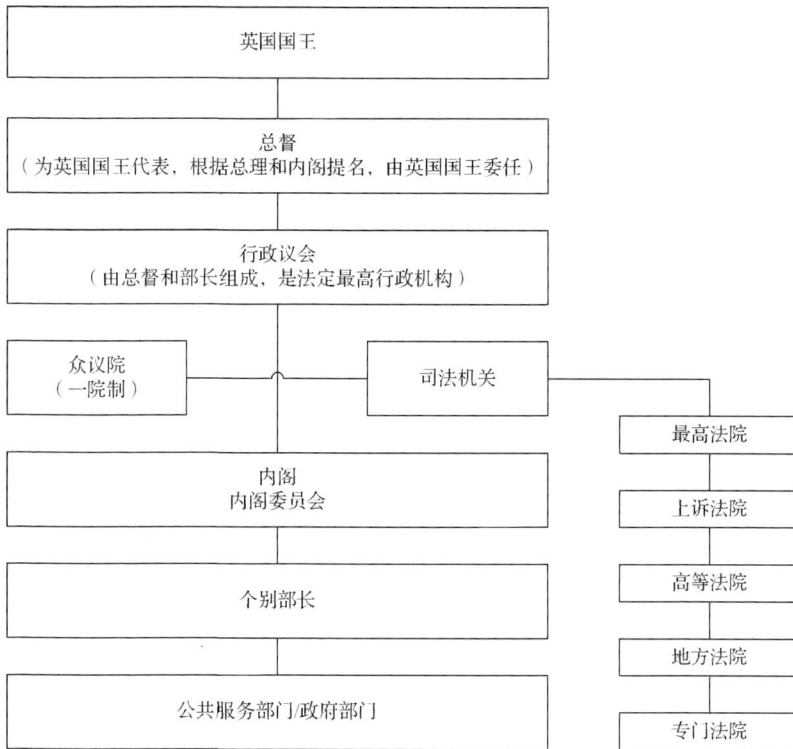

图 1-2　新西兰司法架构

① 新西兰司法架构由宪法规定，但新西兰没有单一的成文宪法，宪法制度主要由各个文件组成，包括《新西兰宪法法案1852》（The New Zealand Constitution Act 1852）、《新西兰宪法法案1986》（The New Zealand Constitution Act 1986）、《国务院组织法案1998》（The State Sector Act 1998）和《新西兰人权法1990》（The New Zealand Bill of Rights Act 1990）。

　　澳大利亚和新西兰都曾是英国的殖民地，它们之间有着很深的历史和文化渊源，也沿袭了英国的一些制度。1990 年，两国宣布建立自由贸易区。1996 年，两国签署《单一航空市场协定》，保障两国航空公司在对方国家享有"不受限制的飞行权"。1998 年，两国签署《跨塔斯曼旅游安排》，规定两国公民可自由在对方国家生活和工作。2007 年，两国就继续推进单一经济市场达成了共识。密切的联系和经贸关系促进了两国经济一体化。因此，对新西兰污染地块管理框架与澳大利亚污染地块管理框架进行对比研究，可较为全面地呈现大洋洲两个发达国家对污染地块管理的基本情况。

　　澳大利亚和新西兰污染地块责任认定机制部分借鉴了美国的《超级基金法》，如确立了"污染者付费原则"，规定不同当事人（在法律上被定义为"潜在责任方"）须承担修复被污染地块的责任，授权环境保护局（Environment Protection Authorities，EPA）（以下简称"环保局"）可以强制任一潜在责任方支付地块的修复费用，包括在土地被污染时期未经营该土地的所有者。地块修复费用的分摊和责任的分担将在各潜在责任方之间进行。澳大利亚有些州和地方的法律不同于一般的"污染者负责"原则，而直接将所有者和占有者（并非最初的污染者和主要的污染者）作为责任人，如新南威尔士州的法律在公司董事和经理的个人环境责任方面有着极其严格的规定，这也是一种特别的"澳大利亚模式"，它顺利解决了历史污染的责任问题。同时，澳大利亚和新西兰在地块调查与修复融资机制方面也有突破，如建立特殊地块修复基金制度、地块保证金制度、环境债权制度等，这对我国污染地块环境管理具有借鉴意义。

# 第二章　澳大利亚污染地块管理框架

澳大利亚联邦政府与州政府/地区政府都将环境保护作为主要的职责之一，但由于政府与州政府/地区政府之间不是绝对的领导关系，州政府/地区政府对各自事务享有一定程度的自治权，因此澳大利亚联邦政府没有针对污染地块治理与修复进行专门立法，而大部分州/地区的环境保护局为独立的法定机构，在州/地区层面有较为完善的土壤污染防治相关法律法规、导则和标准。

## 第一节　澳大利亚环境管理概况

澳大利亚联邦政府、州政府/地区政府和地方政府都设有专门的环境保护主管部门（图 2-1）。澳大利亚联邦政府的环境保护主管部门为环境与能源部（Department of Environment and Energy），而州政府的环境保护主管部门则较为复杂，如维多利亚州政府设立了环境、土地、水和规划部门（Department of Environment，Land，Water and Planning，DELWP），维多利亚州可持续发展部门（Sustainability Victoria，SV）和环境保护局，这 3 个部门密切合作，制定环境保护政策和法规，并提供支持环境保护的项目；西澳大利亚州设立了环境法规部门（Department of Environment Regulation）和环境保护局；新南威尔士州设立了环境与遗产办公室（Office of Environment and Heritage，OEH），环境、气候变化与水部门（Department of Environment，Climate Change and Water），城市事务规划部门（Department of Urban Affairs and Planning）和环境保护局。

总的来说，大部分州和地区的环境保护局为独立的法定机构，不受环境与能源部部长指挥，对政府的建议是公开的，如西澳大利亚州环境保护局（Western Australia Environment Protection Authorities，WA EPA）、北方领土地区环境保护局（Northern Territory Environment Protection Authority，NT EPA）、维多利亚州环境保护局（Victoria Environment Protection Authority，V EPA）、南澳大利亚州环境保护局（South Australia Environment Protection Authority，SA EPA）、新南威尔士州环境保护局（New South Wales Environment Protection Authority，NSW EPA）。这些作为独立的法定机构的环境保护局，与州政府/地区政府有着密切的合作，并为

政府相关部门提供服务①。政府的环境保护相关部门主要负责制定政策，而环境保护局则是政策的具体实施者。

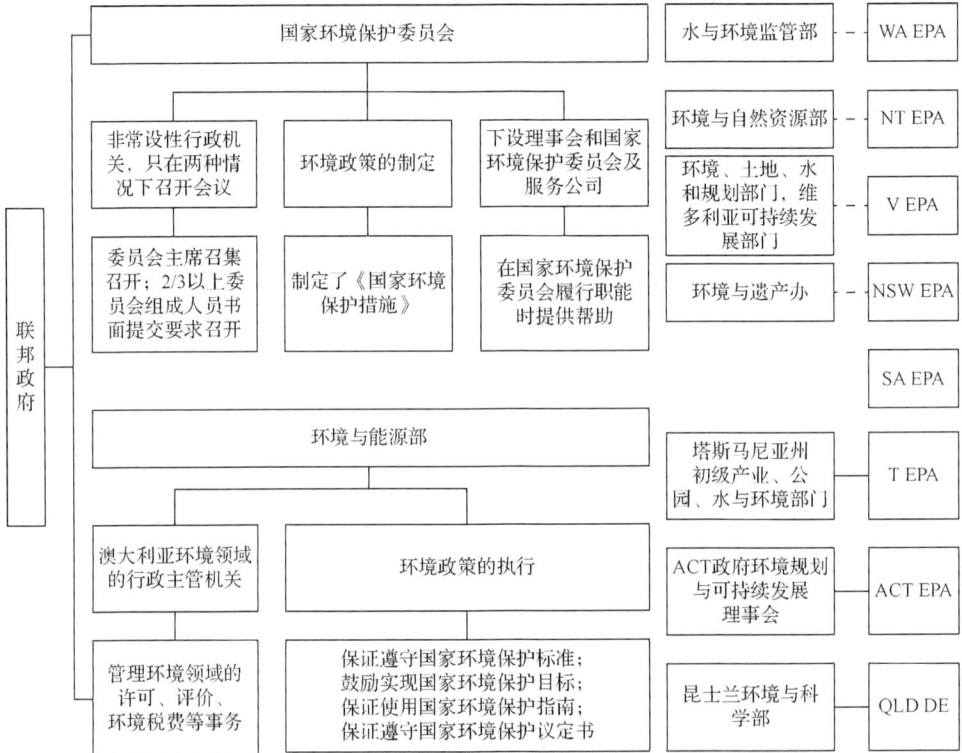

国家环境保护委员会

非常设性行政机关，只在两种情况下召开会议

环境政策的制定

下设理事会和国家环境保护委员会及服务公司

委员会主席召集召开；2/3以上委员会组成人员书面提交要求召开

制定了《国家环境保护措施》

在国家环境保护委员会履行职能时提供帮助

联邦政府

环境与能源部

澳大利亚环境领域的行政主管机关

环境政策的执行

管理环境领域的许可、评价、环境税费等事务

保证遵守国家环境保护标准；鼓励实现国家环境保护目标；保证使用国家环境保护指南；保证遵守国家环境保护议定书

水与环境监管部 — WA EPA

环境与自然资源部 — NT EPA

环境、土地、水和规划部门，维多利亚可持续发展部门 — V EPA

环境与遗产办 — NSW EPA

SA EPA

塔斯马尼亚州初级产业、公园、水与环境部门 — T EPA

ACT政府环境规划与可持续发展理事会 — ACT EPA

昆士兰环境与科学部 — QLD DE

图 2-1　澳大利亚环境保护主管部门示意图②

也有作为政府主管环境机构的部门，如塔斯马尼亚州环境保护局（Tasmania Environment Protection Authority，T EPA）隶属于初级产业、公园、水与环境部（Department of Primary Industries，Parks，Water and Environment），澳大利亚首都地区环境保护局（Australian Capital Territory Environment Protection Authority，ACT EPA）隶属于澳大利亚首都地区政府、环境、规划与可持续发展理事会（ACT Government，Environment，Planning and Sustainable Development Directorate）。昆士兰州则未设置环境保护局，而是直接由昆士兰州政府环境与科学部（Queensland

---

① NT 政府相关部门是环境与自然资源部（Department of Environment and Natural Resources）；SA EPA 直接作为该州主管环境相关事宜的政府部门；NSW 政府相关部门有环境与遗产办，环境、气候变化与水部门，城市事务规划部门。

② EPA，环境保护局（Environment Protection Authorities）；WA，西澳大利亚州（Western Australia）；NT，北方领土地区（Northern Territory）；V，维多利亚州（Victoria）；NSW，新南威尔士州（New South Wales）；SA，南澳大利亚州（South Australia）；T，塔斯马尼亚州（Tasmania）；ACT，澳大利亚首都地区（Australian Capital Territory）；QLD DE，昆士兰环境部（Queensland Department of Environment）。

Government, Department of Environment and Science）下设的环境部负责环境管理相关事宜，包括污染地块管理。

澳大利亚现行有效的法律查询网"联邦立法登记（Federal Register of Legislation）"列出了目前澳大利亚所有具有约束力的法律条例。在环境领域，澳大利亚大多数环境法为成文法，且属于单项立法，主要分为联邦和州两级，也有更低一级的地方环境法。与环境相关的法律涉及环境规划和污染防治、自然遗迹和人文遗迹保护、自然资源开发利用和管理等领域，主要包括《南极条约环境保护环境影响评估法 1993》[Antarctic Treaty（Environment Protection）（Environmental Impact Assessment）Regulations 1993]、《土地管理法 1997》（Land Administration Act 1997）、《环境和生物多样性保护法 1999》（Environment Protection and Biodiversity Conservation Act 1999）等 50 多部环境保护法律法规。

澳大利亚州政府/地区政府实行立法、司法和行政三权分立制，各州政府/地区政府都有各自更为细致的环境法律法规。

## 一、首都地区

截至 2019 年 5 月，首都地区环境相关法律法规有《环境保护法 1997》（Environment Protection Act 1997）、《水资源法 2007》（Water Resources Act 2007）、《环境保护（噪声测量手册）2009》[Environment Protection（Noise Measurement Manual）Approval 2009]、《环境保护（费用）确定 2016》[Environment Protection（Fees）Determination 2016] 和 《地方法院（环境保护侵权通知）法规 2005》[Magistrates Court（Environment Protection Infringement Notices）Regulation 2005]。

## 二、北方领土地区

北方领土地区环境相关法律法规有《环境评估法 1982》（Environmental Assessment Act 1982）、《环境评估行政程序 1984》（Environmental Assessment Administrative Procedures 1984）、《环境保护（国家污染物清单）目标 2004》[Environment Protection（National Pollutant Inventory）Objective 2004]、《环境保护（饮料容器和塑料袋）法 2011》[Environment Protection（Beverage Containers and Plastic Bags）Act 2011]、《北方领土地区环境保护局法 2012》（Northern Territory Environment Protection Authority Act 2012)和《废物管理和污染控制法 1998》（Waste Management and Pollution Control Act 1998）。

## 三、新南威尔士州

新南威尔士州环境相关法律法规有《环境危险化学品法 1985》（Environmentally Hazardous Chemicals Act 1985）、《新南威尔士州环境保护委员会法 1995》[National Environment Protection Council（New South Wales）Act 1995]、

《臭氧保护法 1989》（Ozone Protection Act 1989）、《农药法 1999》（Pesticides Act 1999）、《保护环境管理法 1991》（Protection of the Environment Administration Act 1991）、《保护环境行动法 1997》（Protection of the Environment Operations Act 1997）、《辐射控制法 1990》（Radiation Control Act 1990）和《废物避免浪费和资源回收法 2001》（Waste Avoidance and Resource Recovery Act 2001）。

## 四、昆士兰州

昆士兰州环境相关法律法规有《环境保护法 1994》（Environmental Protection Act 1994）、《环境补偿法 2014》（Environmental Offsets Act 2014）、《艾尔湖流域协议法 2001》（Lake Eyre Basin Agreement Act 2001）、《昆士兰州环境保护委员会法 1994》［National Environment Protection Council（Queensland）Act 1994］、《污染地块法 1991》（Contaminated Land Act 1991）和《废物减少及回收利用法 2011》（Waste Reduction and Recycling Act 2011）。

## 五、南澳大利亚州

南澳大利亚州环境相关法律法规有《环境保护法 1993》（Environment Protection Act 1993）、《水产养殖法 2001》（Aquaculture Act 2001）、《辐射防护和控制法 1982》（Radiation Protection and Control Act 1982）和《温菲尔德废物仓库关闭法 1999》（Wingfield Waste Depot Closure Act 1999）。

## 六、塔斯马尼亚州

塔斯马尼亚州环境相关法律法规有《环境管理和污染控制法 1994》（Environmental Management and Pollution Control Act 1994）、《垃圾法案 2007》（Litter Act 2007）、《油类和有毒物质污染水域法 1987》（Pollution of Waters by Oil and Noxious Substances Act 1987）、《塔斯马尼亚州环境保护委员会法 1995》［National Environment Protection Council（Tasmania）Act 1995］和《塑料购物袋禁令 2013》（Plastic Shopping Bags Ban Act 2013）。

## 七、维多利亚州

维多利亚州环境相关法律法规有《环境保护法 1970》（Environment Protection Act 1970）、《规划和环境法 1987》（Planning and Environment Act 1987）、《油类和有毒物质污染水域法 1986》（Pollution of Waters by Oils and Noxious Substances Act 1986）、《维多利亚州环境保护委员会法 1995》［National Environment Protection Council（Victoria）Act 1995］、《气候变化法 2017》（Climate Change Act 2017）和《维多利亚环境评估委员会法 2001》（Victorian Environment Assessment Council Act 2001）。

## 八、西澳大利亚州

西澳大利亚州环境相关法律法规有《环境保护法 1986》（Environmental Protection Act 1986）、《碳权法 2003》（Carbon Rights Act 2003）、《环境保护（垃圾填埋）征收法 1998》[Environmental Protection（Landfill）Levy Act 1998]、《垃圾法案 1979》（Litter Act 1979）、《西澳大利亚州环境保护委员会法 1996》[National Environment Protection Council（Western Australia）Act 1996] 和《废物避免浪费与资源回收法 2007》（Waste Avoidance and Resource Recovery Act 2007）。

以上大部分法律都有与之相对应的法规，此处不再赘述。

澳大利亚环境保护类法律涉及社会和生活的多个方面。澳大利亚的环境相关部门较多，且人们越来越意识到环境问题的影响不受物理边界/政治边界的限制，而是表现出跨区域的、全球性的特征，因此需要更加强调联邦与州之间及内部机构之间的协调。为此，澳大利亚联邦政府于 1992 年出台了《政府间环境协定》，它是由联邦政府与 6 个州、2 个地区、地方政府协会共 10 个参加方共同签署的协定，用来协调全国具有法律效力的文件和相关环境行动，以明确联邦政府、州政府/地区政府和地方政府在环境保护上的职责与权限。《政府间环境协定》确立了各级政府在全国范围内就环境问题进行合作的机制，明确了有关政府责任，以有效减少联邦、州/地区及地方之间在环境问题上的争议，该协定承认州/地区和地方在国家发展和国际环境政策方面的重要作用，以可持续发展、生态多样性和完整性保护、风险预防、改善评价和激励机制等作为实施环境措施和程序的基本原则，强调污染者付费。

《政府间环境协定》是联邦政府与各州政府/地区政府及地方政府在环境事务上的分权约定，各参加方均同意成立一个国家环境保护权力机构。这最终促使澳大利亚议会于 1994 年通过了《国家环境保护委员会法》（National Environment Protection Council Act），进而建立澳大利亚国家环境保护委员会（National Environment Protection Council，NEPC），并由其负责制定国家环境保护标准、方针、目标及相关议定书。NEPC 由总理指定的联邦部长和州/地区指定的州部长/地区部长组成，属于部长级委员会，由总理指定的联邦部长担任委员会主席。NEPC 是政府的决策机构，并非常设性行政机关，各部长作为其组成人员仍有自己的工作职责，委员会仅在委员会主席召集或 2/3 以上委员会组成人员书面提交要求时召开会议。《国家环境保护委员会法》赋予 NEPC 一定的职权，包括与合适的人员或团体进行协商，自行从事研究工作或者委托其他机构从事研究工作，发表与委员会职责和权限相关的报告，为公众（包括产业界）提供信息，与联邦、州/地区内相关的机构进行协商，与澳大利亚地方政府协会进行协商，指导服务性公司为其他的部长委员会提供服务。

NEPC 在性质上属于联邦政府的一个行政机关，其主要职能是制定《国家环境保护措施》（National Environment Protection Measures，NEPM），并对各参与方执行措施的情况进行评估。《国家环境保护措施》主要涉及国家环境保护标准、国家环境保护目标、国家环境保护指南和国家环境保护议定书 4 个方面，包括大气污染、环境空气质量、地块污染评估、柴油车排放、控制废物转运、国家污染物清单和已使用包装材料 7 个部分。其中，国家环境保护标准是指包括量化环境特点的标准，通过它可以对环境质量进行评估；国家环境保护目标是国家所希望达到的环境保护结果；国家环境保护指南是指导可能实现所期望环境结果的行动指南；国家环境保护议定书是指一个关于环境保护程序的议定书[6]。《国家环境保护措施》涉及的环境问题有大气环境质量、海洋环境质量、江湖环境质量、淡水环境质量、防治噪声污染、点源污染评估、危险废物的环境影响、废旧物资的再使用和循环利用、机动车噪声和排放管理。

在具体个案中使用《国家环境保护措施》以确定相关人员的权利与义务，则是澳大利亚环境与能源部的职责。换言之，NEPC 是环境政策的制定者，而环境与能源部则是环境政策的执行者[6]。《国家环境保护委员会法》明确了 NEPC 的职责与权限，其职权之一就是制定《国家环境保护措施》，而关于《国家环境保护措施》的具体实施，则主要参照《国家环境保护措施（实施）法 1998》[National Environment Protection Measures（Implementation）Act 1998]。该法明确了环境部门在《国家环境保护措施》实施方面的职权。

澳大利亚是一个联邦制国家，联邦政府与州政府/地区政府之间并不是绝对的领导关系，因此联邦政府虽然制定了一些有关污染地块的法律、标准和导则，但各地方政府也都有自己的污染地块管理法律，包括认定、评估、责任归属、治理及污染地块未来使用等方面的规定，一级监管权仍属于州政府。联邦政府与州政府/地区政府主要通过协商合作的方式来实施环境发展规划，而州政府/地区政府与地方政府则主要采取直接干预的方式来实施环境发展规划。具体做法是：通过制定和实施土地利用规划，进行环境影响评价；采用颁发许可证的方式控制发展项目；加强对污染防治的监督管理及进出口危险物品的管理；加强对危险废物的使用、储存、转移和处置的监督管理。法律授予环境保护部门广泛的调查权和应急权。环境保护部门有权对违法行为进行制裁，有权命令排污或造成污染事故的单位或个人减轻或清除污染。

# 第二节　　污染地块相关政策法规

## 一、法律法规

澳大利亚的土地污染一般是由工业企业对化学物质的生产、使用和处理引起的。在农村地区，清理牛羊用的浸液也可能导致土地污染。此外，一些采矿活动、城市废物处理等也可能导致土地污染。澳大利亚联邦政府发布的与土地有关的政策法规主要包括：《土著居民土地法 1991》（Aboriginal Land Act 1991）、《澳大利亚首都地区（规划和土地管理）法 1988》[Australia Capital Territory（Planning and Land Management）Act 1988]、《澳大利亚土地运输发展法 1988》（Australia Land Transport Devclopment Act 1988）、《土地管理法 1997》（Land Administration Act 1997）、《国家土地法令 1980》（National Land Ordinance 1980）、《土地收购法 1989》（Lands Acquisition Act 1989）、《石油（淹没土地）法 1996》[Petroleum（Submerged Lands）Regulations 1996]、《海洋和淹没土地法 1973》（Seas and Submerged Lands Act 1973）、《国家环境保护措施（污染地块评估）1999》[National Environment Protection（Assessment of Site Contamination）Measures 1999]等。

　　与污染地块管理最为相关的是《国家环境保护措施（污染地块评估）1999》。《国家环境保护措施（污染地块评估）1999》由澳大利亚联邦政府于 1999 年 12 月 10 日颁布，规定了开展污染地块风险评估的工作程序，规定了评估某一地点土壤污染程度的统一方法。在该文件中明确提出了在污染评估过程中，土地评估人和其他相关人员应当考虑以下 4 个土地清洁和管理措施：①如果现场处理污染可行，则进行现场处理，以便消除污染或者将相关风险降低到可接受的程度；对于须进行挖掘的土壤，应进行异位处理，以便消除污染或者将相关风险降到可接受的程度，然后将土壤回填至原处。②如果现场处理不可行，则应使用合理设计的隔离物将现场的土壤加固和隔离，然后把污染物质转移到核准的地块或设施内，如果有必要，则应使用合适的材料回填现场。③如果评估结果表明修复土壤在环境方面不能获得净收益，或者对环境将产生负面影响，则应采取适当的管理策略。④如果目前没有经济上可行的治理方法，则应采取适当的监控措施或寻求其他治理措施。该法的目的不是分清责任，而是在考量相关危险、社区利益及土地有序开发的基础上，为土地评估提供有效的方法，从而为州政府/地区政府制定自己的法律留有足够的空间。

　　《国家环境保护措施（污染地块评估）1999》的主要内容包括土壤和地下水调查、取样和数据收集、实验室分析、健康风险评估、生态风险评估、地下水污染、社区咨询、职业健康和安全及有关环境专家的权限等。污染地块风险评估的一般流程如图 2-2 所示。

　　1）地块初步调查。

　　2）启动评估程序。

　　3）根据《地块特征描述导则》（Guideline on Site Characterization）和《潜在污染土壤的实验室分析导则》（Guideline on Laboratory Analysis of Potentially Contaminated Soils）进行初步调查及实验室分析。

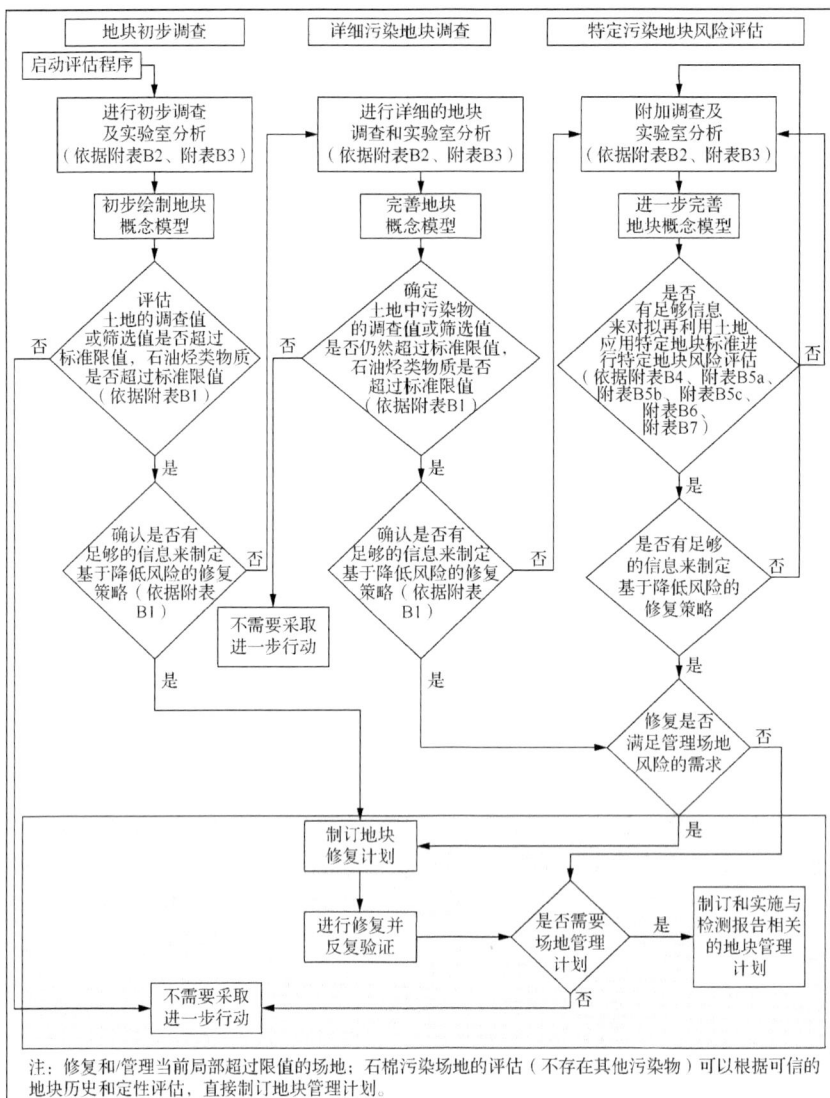

图 2-2　污染地块风险评估的一般流程[①]

① 图中附表 B1 指《土壤和地下水调查值导则》（Guideline on Investigation Levels for Soils and Groundwater）；附表 B2 指《地块特征描述导则》；附表 B3 指《潜在污染土壤的实验室分析导则》；附表 B4 指《特定地块健康风险评估方法导则》（Guideline on Site-Specific Health Risk Assessment Methodology）；附表 B5a～附表 B5c 分别指《生态风险评估导则》（Guideline on Ecological Risk Assessment）、《污染土壤生态调查值方法导则》（Guideline on Methodology to Derive Ecological Investigation Levels in Contaminated Soils）、《As、Cr(III)、Cu、DDT、Pb、萘、Ni 和 Zn 的生态调查值导则》[Guideline on Ecological Investigation Levels for Arsenic，Chromium（III），Copper，DDT，Lead，Naphthalene，Nickel and Zinc]；附表 B6～附表 B9 分别指《基于风险的地下水污染评估框架指南》（Guideline on the Framework for Risk-Based Assessment of Groundwater Contamination）、《基于健康基准的调查值导则》（Guideline on Derivation of Health-Based Investigation Levels）、《社区参与和风险沟通导则》（Guideline on Community Engagement and Risk Communication）、《环境审计人员和相关专业人员的能力和验收导则》（Guideline on Competencies and Acceptance of Environmental Auditors and Related Professionals）。

4）初步绘制地块概念模型。

5）根据《土壤和地下水调查值导则》（Guideline on the Investigation Levels for Soils and Groundwater），评估土地的调查值或筛选值是否超过标准限值，石油烃类物质是否超过标准限值。

6）如果未超标，则不需要采取进一步的行动。

7）如果超过标准限值，那么须根据《土壤和地下水调查值导则》确认是否有足够的信息来制定基于降低风险的修复策略。

8）如果有修复策略，则制订地块修复计划，进行修复并反复验证，根据需要，制订和实施与检测报告相关的地块管理计划。

9）如果没有修复策略，则须根据《地块特征描述导则》和《潜在污染土壤的实验室分析导则》进行详细的地块调查和实验室分析。

10）完善地块概念模型。

11）根据《土壤和地下水调查值导则》确定土地中污染物的调查值或筛选值是否仍然超过标准限值，石油烃类物质是否超过标准限值。

12）如果未超过标准限值，则不需要采取进一步行动。

13）如果超过标准限值，那么须根据《土壤和地下水调查值导则》来确定是否有足够的信息用于制定基于降低风险的修复策略。

14）如果有修复策略，则按照步骤8）的相关规定进行。

15）如果没有修复策略，则须根据《地块特征描述导则》和《潜在污染土壤的实验室分析导则》进行特定污染地块的风险评估，以及进一步的调查和实验室分析。

16）进一步完善地块概念模型。

17）根据《特定地块健康风险评估方法导则》、《生态风险评估导则》、《污染土壤生态调查值方法导则》、《As、Cr（III）、Cu、DDT、Pb、萘、Ni 和 Zn 的生态调查值导则》，确定是否有足够的信息来对拟再利用土地应用特定地块标准，并进行特定地块风险评估。

18）是否有足够的信息来制定基于降低风险的修复策略。

19）如果没有修复策略，则按照步骤15）的相关规定进行。

20）如果有修复策略，则按照步骤8）的相关规定进行。

行政执法和法院司法是实施《国家环境保护措施（污染地块评估）1999》的主要方式，在实施过程中，单位、公民和社会组织有重要作用。对于环境违法行为，澳大利亚法律规定的制裁措施包括公告、禁令、恢复原状、赔偿损失、履行劳务、罚金及监禁。这些制裁措施主要由州政府/地区政府依据相关法律负责实施。州政府/地区污染地块管理的相关法律、法规和政策如下。

1）新南威尔士州《污染地块管理法 1997》（Contaminated Land Management Act

1997）和《州环境规划政策第 55 号——地块修复》（State Environmental Planning Policy No.55—Remediation of Land）。对于污染严重程度已达到《污染地块管理法1997》规定的对地块当前/批准用途进行监管条件的地块，新南威尔士州环境保护局根据该法行使权力——处理污染地块；对于在当前/批准用途下，虽然受到污染但不会造成不可接受风险的地块，地方议会根据《州环境规划政策第 55 号——地块修复》处理污染地块。

2）维多利亚州总督会同行政局根据《环境保护法 1970》第 16（1）条和 17A 条在维多利亚州政府公报（Victoria Government Gazette）上发布第 S95 号文件《州环境保护政策（污染地块预防和管理）》［State Environment Protection Policy (Prevention and Management of Contamination of Land)］，该政策适用于维多利亚州所有的土地。

3）昆士兰州《污染地块法 1991》。

4）南澳大利亚州《污染地块法 2003》（Contaminated Sites Act 2003）和《污染地块法规 2006》（Contaminated Sites Regulations 2006）。

5）西澳大利亚州《污染地块法 2003》和《污染地块法规 2006》。

6）塔斯马尼亚州《环境管理与污染控制法 1994》是其管理污染地块的主要立法。

7）北方领土地区《废物管理和污染控制法 1998》。对于该法中所界定的对环境造成严重危害或可能造成危害的污染地块，北方领土地区环境保护局依据该法对环境审核的要求进行评估；具体到污染地块的评估则根据《国家环境保护措施（污染地块评估）1999》开展。

8）首都地区对于污染地块管理的主要法律依据是《环境保护法 1997》和《规划发展法 2007》（Planning and Development Act 2007）；政策依据包括《污染地块环境保护政策 2017》（Contaminated Sites Environment Protection Policy 2017）和《政策规划——污染地块管理 1995》（Strategic Plan—Contaminated Sites Management 1995）。《污染地块环境保护政策 2017》是为配合《环境保护法 1997》而颁布的政策和指导方针，帮助解释和应用《环境保护法 1997》及其法规。

## 二、导则及其他相关文件

《国家环境保护措施》中关于污染地块评估的技术导则共有 9 个，包括：附表B1《土壤和地下水调查值导则》、附表 B2《地块特征描述导则》、附表 B3《潜在污染土壤的实验室分析导则》、附表 B4《特定地块健康风险评估方法导则》、附表B5a《生态风险评估导则》、附表 B5b《污染土壤生态调查值方法导则》、附表 B5c《As、Cr（III）、Cu、DDT、Pb、萘、Ni 和 Zn 的生态调查值导则》、附表 B6《基于风险的地下水污染评估框架指南》、附表 B7《基于健康基准的调查值导则》、附表 B8《社区参与和风险沟通导则》、附表 B9《环境审计人员和相关专业人员的能力和验收导则》。

除了《国家环境保护措施》给出的 9 个导则外，其他基本都是由州政府/地区政府制定的导则。例如，昆士兰州的《指南：污染地块通报责任》(Guideline: Duty to Notify for Contaminated Land) 和《环境影响评估导则》(Environmental Impact Assessment Guidelines)，西澳大利亚州的《全氟和多氟烷基物质（PFAS）评估和管理暂行导则》[Interim Guideline on the Assessment and Management of Perfluoroalkyl and Polyfluoroalkyl Substances（PFAS）]、《污染地块评估和管理》(Assessment and Management of Contaminated Sites)、《西澳大利亚污染地块的识别、申报和分类》(Identification，Reporting and Classification of Contaminated Sites in Western Australia)、《西澳大利亚石棉污染地块评估修复和管理》(Assessment，Remediation and Management of Asbestos – Contaminated Sites in Western Australia)。新南威尔士州在《污染地块管理法 1997》框架下，制定的导则包括《采样设计指南》(Sampling Design Guidelines)、《香蕉种植地块评估导则》(Guidelines for Assessing Banana Plantation Sites)[①]、《污染地块顾问报告导则》(Guidelines for Consultants Reporting on Contaminated Sites)、《新南威尔士州地块审核员计划导则》(Guidelines for the NSW Site Auditor Scheme)、《地下水污染评估和管理导则》(Guidelines for the Assessment and Management of Groundwater Contamination)、《污染地块管理法 1997 规定的污染地块报告责任导则》(Guidelines on the Duty to Report Contamination under the Contaminated Land Management Act 1997)。澳大利亚联邦政府发布的导则大多和标准类似，给出了土壤和地下水指导值；而州政府/地区政府则更为具体，不仅提供了有关地块鉴定和报告的信息，而且导则涉及污染地块的评估、审核和咨询等方面。

澳大利亚环境污染评估与修复合作研究中心(The Cooperative Research Centre for Contamination Assessment and Remediation of the Environment，CRC CARE) 对澳大利亚司法管辖范围内的 40 份污染地块相关文件进行研究分析，发现其中有 8 份来自联邦政府或行业机构，其余 32 份来自州立政府机构[7]。

（一）联邦政府

《国家环境保护措施（污染地块评估）1999：附录 B（10）污染地块审核员及相关从业人员能力认可导则》(National Environment Protection（Assessment of Site Contamination）Measures 1999：Schedule B（10）Guidelines on Competencies and

---

① NSW EPA 与科夫斯港城市委员会一同调查了香蕉种植地块的污染物分布情况，发现土壤砷含量严重超标，土壤污染主要是由残留农药和狄氏剂造成的。根据调查结果，NSW EPA 制定了《香蕉种植地块评估导则》，该导则包括香蕉种植地块采样设计方案及地块修复后的验收过程两个方面的内容。

Acceptance of Contaminated Land Auditors and Related Professionals）由 NEPC 于 1999 年发布，属于《国家环境保护措施》的一部分，它作为一份基础性文件，指导各司法管理区建立与区域相关的更为详细的导则，以便于第三方审查；其目标受众主要是监管机构，特别是涉及任命或认证第三方审核人的监管机构，以及可能希望任命第三方审核人的土地所有者、开发商和顾问。该导则旨在帮助管理部门制定相关事项，以确保澳大利亚各地方专业主管人员对污染地块评估的一致性和权威性，尤其是对涉及复杂污染问题地块的评估。该导则虽然只是一个框架，且为配合文本不包括任何附录、表格、图表或检查清单（只有 10 页），但明确了以下 3 点内容：一是专业人员在向司法管理区申请承认其资历和经验时，应提供的信息；二是对专业人员所提供信息的验收标准；三是验收的过程和一般条件。

《污染土壤现状评估导则》（Guidelines for the Assessment of On-Site Containment of Contaminated Soil）由澳大利亚和新西兰环境保护委员会（Australia and New Zealand Environment and Conservation Council，ANZECC）于 1999 年发布，已被《国家环境保护措施》所取代，但仍在一些州使用，它只涉及受污染的土壤（即不讨论其他类型的废物），而且仅与原位地块有关；其目标受众是将现场控制作为污染地块修复选择的政府、工业企业、开发商和顾问。该导则详细介绍了控制单元设计的许多方面，包括评估地块的适用性、污染物的环境行为、控制目标、控制技术、选择合适的控制系统，以及运营考虑因素（如预计使用寿命）等。

《澳大利亚和新西兰污染地块评估与管理导则》（Australian and New Zealand Guidelines for the Assessment and Management of Contaminated Sites）由澳大利亚和新西兰环境保护委员会（ANIECC）和国家卫生与医学研究委员会（National Health and Medical Research Council，NHMRC）于 1992 年联合发布，并于 1999 年被《国家环境保护措施》所取代，是一个总体框架类型的文件，为污染地块评估与管理提供一般的信息和指导，包括污染预防、现场评估标准、现场评估程序、污染物去向和运输、社区咨询和参与及风险评估等；其目标受众是对污染地块有兴趣的政府、工业企业、工会和普通社区。该导则最初制定的目的是在澳大利亚和新西兰境内，为污染地块评估和管理提供一种通用的方法，以代替之前使用的临时方法，为对污染地块进行适当的、一致性的评估和管理提供框架。其中，有针对特定地块的土壤标准，对确定特定地块土壤标准时需要考虑的因素进行了详细讨论，包括方程式、计算实例及对信息来源的详细解释。尽管国家卫生和医学研究委员会已经取消了该导则，但在澳大利亚的一些州仍然在使用。

（二）国家行业

《澳大利亚环境污染评估与修复合作研究中心技术报告 20：金属污染地块植被重建指南》［CRC CARE Technical Report 20: Guidance Document for the

Revegetation of Land Contaminated by Metal（loid）s]<sup>[8]</sup>由澳大利亚环境污染评估
与修复合作研究中心与昆士兰大学于 2012 年合作编制，是对当前复垦土地金属污
染影响的总结。该技术报告由 3 个部分组成：第一部分，评估土壤污染；第二部
分，土壤修复；第三部分，植被复垦和植物的选择。其中，重点是第一部分和第
三部分，侧重于描述如何成功实现地块的植被恢复，并讨论如何选择适当的植被、
排水、污染物耐受性和其他相关因素；在附录中包含了关于土壤和溶液中痕量金
属毒性的详细讨论。

《澳大利亚环境污染评估与修复合作研究中心技术报告 18：修复土壤和含水
层中 LNAPL 的评估策略》（CRC CARE Technical Report 18：Selecting and Assessing
Strategies for Remediating LNAPL in Soils and Aquifers）由澳大利亚环境污染评估
与修复合作研究中心和国家研究公司于 2010 年合作编制，目前仍然有效，旨在为
解决轻非水相液体（light non-aqueous phase liquids，LNAPL）污染的一些技术难
题提供信息和框架，其目标受众是污染地块涉及的相关政府、行业人员、土地所
有者和顾问。

《澳大利亚环境污染评估与修复合作研究中心技术报告 15：地下水石油烃自
然衰减监测技术指南》（CRC CARE Technical Report 15：A Technical Guide for
Demonstrating Monitored Natural Attenuation of Petroleum Hydrocarbons in
Groundwater）由澳大利亚环境污染评估与修复合作研究中心与 GHD Pty Ltd.（环
境顾问公司）于 2010 年合作发布，目前仍然有效，它是一个技术性的总结报告，
并未给出关于澳大利亚全境地下水修复法律框架的具体指导，主要目的是在解决
与地下水石油烃污染相关的潜在环境风险和人体健康风险时，为将监测自然衰减
作为修复或管理策略的环境保护工作提供技术指导。该技术报告侧重于概述一种
特定的修复策略，主要内容包括初步评估和处理潜在的法律及责任问题、自然衰
减的初步评估、基于多重证据详细表征自然衰减、通过验证自然衰减性能制订监
测计划，以及通过监测自然衰减来优化环境保护工作流程、提高效率和经济性的
方法。

《土壤和地下水修复可持续评估框架》（A Framework for Assessing the
Sustainability of Soil and Groundwater Remediation）由澳大利亚可持续修复论坛
（Sustainable Remediation Forum，SuRF）、澳大利亚环境污染评估与修复合作研究
中心及澳大利亚土地和地下水协会于 2009 年发布。自该文件发布以后，澳大利亚
可持续修复论坛更名为澳大利亚新西兰可持续修复论坛（SuRF，Australia New
Zealand，SuRF ANZ）。该文件也在 2012 年年底被 SuRF ANZ 的文件所取代，但
目前仍然有效，其目标受众是污染地块顾问、审核员、土地所有者、规划者、政
府机构和其他对可持续性修复感兴趣的组织。该文件旨在为用于土壤和地下水修
复决策的可持续性评估提供初步建议，主要描述了可持续修复的定义和原则、可

持续修复在不同土地规划中的应用及相应立法背景的详细细节，以及在可持续性修复过程中可引入的阶段（规划、设计和实施阶段）。一般情况下，将可持续性发展战略纳入设计阶段要比纳入实施阶段更为简单、经济。

《澳大利亚环境污染评估与修复合作研究中心技术报告 6：进一步修复轻非水相液体影响土壤和含水层技术》（CRC CARE Technical Report 6: Technical Impracticability of Further Remediation for LNAPL - Impacted Soils and Aquifers）由澳大利亚环境污染评估与修复合作研究中心和 Coffey Environments（环境顾问公司）于 2007 年联合发布，目前仍然有效，其目标受众是土地所有者、顾问、政府和监管机构。该技术报告的目的是确定将轻非水相液体从受影响的土壤和含水层中清除的技术限制因素，从技术层面对轻非水相液体的性质及其在环境中的作用进行了探讨，包括污染物在不同环境背景下的迁移和影响，其中针对修复技术应用和局限性进行的描述，是确定修复技术在实际应用中有哪些限制因素的关键。

（三）首都地区

《污染地块环境保护政策》（Contaminated Sites Environment Protection Policy）由澳大利亚首都地区环境保护局于 2009 年发布，目前仍然有效，是对 1997 年发布的《环境保护法 1997》和 2005 年发布的《环境保护法规 2005》（Environment Protection Regulation 2005）的进一步解释，其目标受众是污染地块所有者和占有者。该政策仅涉及澳大利亚首都地区，虽然没有法律约束力，但可协助解释关于立法方面的问题；重点关注满足立法要求的措施及需要采取的一般措施，以尽量减少对环境的伤害。该政策定义了污染地块及澳大利亚首都地区污染地块的立法框架（包括环境责任、保护令和通知要求）；明确了何时需要开展调查、评估、修复和审核工作；提供了关于污染地块登记注册的数据库信息（如登记注册内容、登记注册后可以访问的内容）。政策附录包括可能需要的相关通知表格及关于澳大利亚首都地区污染地块的指导文件综合清单。该政策主要是对澳大利亚首都地区污染地块管理流程的介绍，其中与技术有关的修复信息较少。

（四）北方领土地区

《环境咨询报告指南》（Guidelines for Consultants Reporting on Environmental Issues）由北方领土地区环境保护局于 2013 年发布，目前仍然有效，是根据新南威尔士州《污染地块顾问报告指南》（Consultants Reporting on Contaminated Sites）改编的，其目标受众包括地块审核员、委员会/政府工作人员、土地规划者、顾问、土地所有者及其他相关方。该指南的目的是确保顾问在编制土壤和水体调查、监测和修复报告时，有充足而合适的信息，主要内容包括地块初步调查、地块详细调查、修复措施、验证和监测，其内容简短，侧重于北方领土地区污染地块调查和修复管理的报告要求。

（五）新南威尔士州

《污染地块顾问报告指南》由新南威尔士州环境与遗产办公室于 1997 年制定，并于 2020 年更新，目前仍然生效，其目标受众是与污染地块项目有关的人员，包括顾问、环境审核员、开发商、普通公众和监管机构。该指南旨在确保咨询专家在编写污染地块调查和修复报告时，有足够且适当的信息，以便监管机构、地块审核员和其他相关方进行审查，使报告标准化。该指南为新南威尔士州污染地块的报告和评估提供了技术和内容方面的建议。

《地下石油存储系统技术说明：地下石油存储系统退役、废弃和排除》（UPSS Technical Note：Decommissioning，Abandonment and Removal of UPSS）由新南威尔士州环境、气候变化与水务部于 2010 年发布，目前仍然生效，其目标受众是从事地下石油存储系统（underground petroleum storage systems，UPSS）项目的相关人员，包括顾问、开发商、公众和政府。该技术说明旨在根据相关立法、政策和行业最佳实践，明确利益相关方在 UPSS 退役、废弃和拆除方面所扮演的角色和应负的责任。

《地下水污染评估和管理指南》（Guidelines for the Assessment and Management of Groundwater Contamination）由新南威尔士州环境保护局于 2007 年编制，目前仍然有效，其目标受众是从事修复项目的相关人员，包括顾问、开发人员、公众和监管机构。该指南针对由点源污染引起的地下水污染，对新南威尔士州地下水污染评估和管理的最佳实践框架进行概述；该指南并非针对地下水污染的评估或管理提供技术建议，而是根据预期的调查过程，协助环保行业制订符合环境保护部门预期的地下水管理计划。该指南将国家水质管理战略制定的水质标准作为地下水调查值。

《新南威尔士州地块审核员计划指南（第三版）》〔Guidelines for the NSW Site Auditor Scheme（3nd Edition）〕由新南威尔士州环境保护局于 2017 年制定，目前仍然有效，其目标受众是咨询专家、地块审核员和地方政府等与污染地块相关的从业人员。该指南适用于希望被认可为新南威尔士州地块审核员和已经获得认证的个人。对污染地块感兴趣的其他人员（如污染地块顾问和地方议会），也可以将该指南用于指导地块审核工作。该指南的主要目标是通过妥善管理污染地块，提供更好的技术咨询和监督，以确保公共健康和环境安全；为环保行业提供独立程序，以确认修复工程是否成功。

《土地污染与规划管理指南 SEPP 55——土地修复》（Managing Land Contamination，Planning Guidelines SEPP 55—Remediation of Land）由新南威尔士州城市事务规划部门与环境保护局于 1998 年共同编制，目前仍在使用，是为规划部门特别是地方议会制定的。该指南旨在通过规划和开发控制过程，实现管理污染地块的最佳实践，主要内容包括：提供有助于调查污染可能性的信息；对调查中获得的信息做出回应的决策过程；关于规划和开发控制如何涵盖污染和修复问题的信息；为规划部门提供建议和政策方法；信息管理和发布通知，如发布规划证书编号；采取措施防止污染并减少修复活动对环境的影响等。

（六）昆士兰州

《昆士兰州污染地块评估与管理导则草案》（Draft Guidelines for the Assessment and Management of Contaminated Land in Queensland）由昆士兰州环境保护局于1998 年发布（已废止），其目标受众是行业组织、规划部门、开发商、贷款人、财产保险公司和估价师、业主和其他相关方。该草案的目的是通过规划和开发控制过程来实现管理污染地块的最佳实践，主要内容包括：针对环境保护主管部门、地方议会、专业人员和土地所有者在污染地块管理方面的作用和责任，结合污染地块公报程序的大纲，概述了管理污染地块所需土地评估和修复的行政程序，包括地块调查、风险评估、开发批准、地块管理计划、污染土壤报告和处置等步骤。该草案在附录中提供了以下信息：应公开报道的相关活动和调查各阶段（初步调查、详细调查、健康和环境评估、修复计划）所包含的详细内容；适合进行这些调查的环境顾问资质及其具体信息；在现场评估或修复报告编制过程中应包含的内容，如抽样考虑因素、抽样分析结果（包括原始数据、地块地图和横截面）；基于健康的土壤调查阈值表。

（七）南澳大利亚州

《污染地块：地下水污染评估与修复指南》（Site Contamination：Guidelines for the Assessment and Remediation of Groundwater Contamination）由南澳大利亚州环境保护局于 2009 年编制，其目标受众是涉及污染地块的从业人员，特别是顾问、土地污染审核员和地方政府。该指南旨在提供对地下水污染地块进行评估和修复的详细信息，以保护人体健康，并明确土地污染审核员须采取的地下水污染评估和修复措施。

《污染地块审核系统指南》（Guidelines for the Site Contamination Audit System）由南澳大利亚州环境保护局于 2009 年编制，其目标受众是涉及污染地块的从业人员，特别是顾问、土地污染审核员和地方政府。该指南依据南澳大利亚州《环境保护法 1993》和《环境保护规章 2009》（Environment Protection Regulations 2009），帮助审核员和其他相关人员了解审核制度的立法要求；通过土壤污染审核系统，为土地污染审核员和其他人员提供关于土地污染和审核方面的认证指导。该指南基于本州立法，为地块审核员提供了一个总体框架，并为如何正确开展污染地块评估工作提供了方法。

《建立南澳大利亚环境标准和水质目标——应用国家水质管理战略》（Establishing

Environmental Values and Water Quality Objectives—Applying the National Water Quality Management Strategy in South Australia）由南澳大利亚州环境保护局于 2007 年制定，2016 年更新，目前仍然有效，其目标受众是涉及水质管理的人员，包括地块管理人员和其他利益相关方。该战略文件协同《国家水质管理战略》（National Water Quality Management Strategy）和《2003 年环境保护（水质）政策》[The Environment Protection（Water Quality）Policy 2003] 明确了水的价值和用途，为南澳大利亚州环境价值观及地表水、地下水水质目标的建立提供指导。

《监测和测试报告管理要求》（Regulatory Monitoring and Testing Reporting Requirements）由南澳大利亚州环境保护局于 2007 年发布，2016 年更新，目前仍在使用，其目标受众是准备监测和测试报告的群体（监测和测试是环境许可管理计划的一部分，如许可证）。该要求描述了南澳大利亚州环境保护局对监测和测试报告的具体要求及其对报告的审查流程，并以表格、图形和案例的方式列出了某些报告需要包含的信息。有效的监测和测试报告将有助于南澳大利亚州环境保护局及许可证持有者评估和监测相关活动产生的环境影响。该要求在附录中列出了南澳大利亚州环境保护局要求提交的所有监测报告的汇总表，以便使报告标准化。

《监测和测试计划管理要求》（Regulatory Monitoring and Testing Monitoring Plan Requirements）由南澳大利亚州环境保护局于 2006 年发布，2016 年更新，目前仍在使用，其目标受众是准备提交南澳大利亚州环境保护局所要求的监测计划的群体（监测计划是环境许可管理计划的一部分，如许可证。一般情况下，南澳大利亚州环境保护局会将监测计划作为授权许可的条件，包括许可证、豁免及工程批准、环境保护令或清理令）。该要求明确了监测和测试计划所需要的管理程序和相关内容，如监测计划的目标、意义和内容，以帮助申请者达到南澳大利亚州环境保护局的标准要求。

《原位修复环境管理指南》（Guidelines for Environmental Management of On-Site Remediation）由南澳大利亚州环境保护局于 2006 年发布，2008 年更新，目前仍在使用，其目标受众是从事或受到修复项目影响的人，包括顾问、开发人员和公众，旨在为原位污染修复活动的环境管理提供建议，以减少实际或潜在的不利影响，并为社区提供充分的保护。该指南侧重描述对修复过程的管理，以及针对潜在环境影响的环境管理计划和修复管理计划。该指南指出，如果管理不善，那么经常用于污染土壤修复的技术和流程本身可能会造成二次环境污染。因此，该指南明确规定了在开始修复项目之前必须考虑的环境方面的相关细节，以控制可预测和可预防的环境影响。依据《环境保护法 1993》的规定，采用该指南中建议的原则和做法是公民应尽的环境责任，因此任何提交给南澳大利亚州环境保护局的修复建议都应与该指南中所规定的内容相符。

《土壤生物修复》（Soil Bioremediation）由南澳大利亚州环境保护局于 2005 年发布，目前仍在使用，其目标受众是与污染地块修复有关的从业人员，特别是顾问及其客户，旨在帮助环境顾问及其客户在南澳大利亚州进行土壤生物修复工作。该文件侧重描述特定的土壤修复过程，针对如何进行生物修复提出技术建议，包括推荐基本的修复方案。

（八）塔斯马尼亚州

《技术导则：地下石油存储系统——退役评估报告要求》（Technical Guideline：Underground Petroleum Storage Systems－Decommissioning Assessment Report Requirements）由塔斯马尼亚州环境保护局于 2010 年发布，2020 年更新，目前仍在使用，是 2010 年《环境管理和污染控制（地下石油储存系统）法规 2020》[Environmental Management and Pollution Control（Underground Petroleum Storage Systems）Regulations 2020]的附件，其目标受众为基础设施业主和环境顾问，旨在确保向基础设施所有者提供清晰明了的评估方法，规定在评估报告中须包含 UPSS 附近收集到的土壤和地下水样品中污染物的浓度水平。该导则是为补充国家立法而发布的，规定了进行污染地块评估的环境顾问资格，以及在 UPSS 退役后完成评估报告的时间表。编写 UPSS 退役评估报告时必须以该导则为依据。

（九）维多利亚州

《工业废物资源化导则——维多利亚州土壤修复技术》（Industrial Waste Resource Guidelines—Soil Remediation Technologies in Australia Victoria）由维多利亚州环境保护局（VEPA）于 2011 年发布，目前仍在使用，其目标受众是土地所有者、开发者、投资管理人员及从事污染地块修复的环境顾问。该导则侧重描述维多利亚州现行的污染土壤修复技术，明确了商业用地污染土壤的处理方案和需要处理的污染物种类，划分了采取异位处理、原位处理和场外处理污染土壤的情形及预估修复持续时间的方法；但该导则并未提供每个方案所需的成本、执行每个方案所需的法定批准程序，以及每个方案优缺点的对比。

《信息公报——热处理技术》（Information Bulletin－Thermal Treatment Technologies）由维多利亚州环境保护局于 2011 年发布，目前仍在使用，是维多利亚州《工业废物资源化导则，维多利亚州土壤修复技术》（Waste Resource Guidelines，Soil Remediation Technologies in Victoria）的补充文件，对热处理技术进行了详细描述，其目标受众是土地所有者、开发者、投资管理人员及顾问。

《审核员（污染地块）环境审核资质及声明导则》[Environmental Auditor（Contaminated Land）Guidelines for Issue of Certificates and Statements of Environmental Audit]由维多利亚州环境保护局于 2015 年发布，是依据《环境保护法 1970》[该法于 2021 年 7 月 1 日被《环境保护修正法 2018》（Environment Protection Amendment Act 2018）第 68 条废除]对审核制度的进一步解释说明，其目的是为污染地块环境审核员提供环境审核实施、证书颁发及环境审核报告的详细指导。除污染地块环境审核员外，该导则还可应用于规划和监管部门、地块评估员、土地所有者或其他要求或希望进行环境审核的人员，以及根据《环境保护法》收到通知、指示或其他文件要求的聘请审核员的人员。该导则概述了需要进行审核的情况和环境审核员的职责（包括保持审核员独立性的重要性及审核员可以参与的内容），如何确定需进行审核的土地或地下水，以及进行审核时必须考虑的因素和审核报告的内容。

《污染地块工程建设标准》（Industry Standard Contaminated Construction Sites）由维多利亚州环境保护局和施工安全管理局（Work Safe Victoria）于2005年制定，其目标受众是在澳大利亚从事建设项目的人群，包括土地开发商和建筑承包商，旨在提高工地工人对潜在污染风险的认识，为污染物风险评估和控制暴露风险提供一般性指导。该标准概述了污染地块的定义、污染物可能的位置、对健康的影响、人群可能接触污染物的方式，以及污染暴露后可能出现的症状。该标准不考虑地块修复或地块环境管理，并指出这些将由承包商负责实施。该标准术语有限，更适用于非专业人员。

《维多利亚政府特别公报：环境保护政策（污染地块的保护与管理）》［Victoria Government Special Gazette：State Environment Protection Policy（Prevention and Management of Contaminated Land）］由维多利亚州环境保护局于2016年发布，目前仍在使用，其目标受众是维多利亚州的土地所有者及《规划和环境法1987》中涉及的相关规划部门和主管部门。该公报简要描述了维多利亚州环境保护局规定的污染地块评估要求，对土地利用类别及其有益用途进行了总结，并以汇总表的形式给出了影响每类土地用途的污染评估指标。该公报指出，维多利亚州环境保护局、规划部门和主管部门在依据《环境保护法1970》和《规划和环境法1987》行使职责和职能时，应遵循公报中的规定，要求任何土地所有者都有义务防止土地污染，避免对土地使用产生不利影响。

《地下水污染治理》（The Clean-Up and Management of Polluted Groundwater）由维多利亚州环境保护局于2002年发布，目前仍在使用，其目标受众被认为是责任方或者在政府公报中被确定为污染者或污染地块所有者的人，旨在对责任方在处理地下水污染时所需采取的行动进行总体概述。该文件详细介绍了维多利亚州环境保护局为确保满足环境保护要求而开展实施的地下水污染清理和管理工作。

《维多利亚政府特别公报：环境保护政策（维多利亚州地下水）》［Victoria Government Special Gazette：State Environment Protection Policy（Groundwater of Victoria）］是维多利亚州环境保护法案的附属立法，其目标是在必要时改善地下水水质，以维持维多利亚州地下水潜在的有益用途。

（十）西澳大利亚州

《土地开发、污染地块修复及相关活动的污染物和粉尘影响管理导则》（A

Guideline for Managing the Impacts of Dust and Associated Contaminants from Land Development Sites，Contaminated Sites Remediation and Other Related Activities）由西澳大利亚州环境保护部门（Western Australia Department of Environment and Conservation，WA DEC）于 2011 年发布，目前仍在使用，其目标受众包括地块工作人员和管理人员，负责工作现场职业健康、安全和福利的人员，顾问和监管机构，旨在协助相关人员制订和实施粉尘管理计划。该导则对粉尘的来源、性质及粉尘和空气污染物对健康的影响进行了详细说明，为土地开发和污染地块修复等活动（包括土地清理、污染地块的修复、采矿/采石、散装物料处理和储存、拆除工程）所产生的粉尘和污染物的管理提供指导，侧重描述对修复技术的环境管理。

《污染地块管理系列——污染地块审核员：认证、实施及报告导则》（Contaminated Sites Management Series—Contaminated Site Auditors：Guidelines for Accreditation，Conduct and Reporting）由西澳大利亚州环境保护部门于 2009 年发布，目前仍在使用，是对《污染地块法 2003》和《污染地块法规 2006》进行补充的解释性文件。该导则所描述的主要内容包括环境保护部门首席执行官的职责和权限、审核人员应该或必须参与的情况、强制审核报告和自愿审核报告之间的差异、本州审核员的发展概况与澳大利亚各州的对比、审核员申请流程的详细信息及典型审核过程中应审查的信息等。该导则为潜在审核员提供了理解审核员申请流程和从事审核员认证活动所需内容的指导。

《西澳大利亚石棉污染地块评估、修复及管理导则》（Guidelines for the Assessment，Remediation and Management of Asbestos-Contaminated Sites in Western Australia）由西澳大利亚州卫生部门（WA Department of Health，WADH）于 2009 年发布，目前仍在使用，其目标受众包括污染地块监管机构、审核员和行业顾问、当地政府和环境健康办公室、地块工作人员、开发商、业主和公众，主要介绍了调查方法、修复和监测方法。该导则与污染地块管理系列导则具有相同的监管地位，在《非居住环境石棉管理 2005》（Management of Asbestos in the Non-Occupational Environment 2005）的基础上，为评估、修复和管理受石棉影响的土地提供指导。该导则的附录部分提供了有关采样、小规模低风险石棉污染指导、应急计划和案例等信息，以进一步帮助顾问和当地政府处理石棉污染问题。

《污染地块管理系列：社区咨询导则》（Contaminated Sites Management Series：Community Consultation Guideline）由西澳大利亚州环境保护部门于 2006 年发布，目前仍在使用，其目标受众是顾问、地方政府、工业行业和其他相关方，是污染地块管理导则的一部分，旨在为西澳大利亚州所有污染地块的调查提供满足社区咨询服务的最低要求。该导则列出了社区咨询的优点、未有效进行咨询的风险、识别利益相关方和潜在利益相关方的类别清单、各阶段的咨询及其实际考虑因素（如地块选择和对人口统计的理解）。该导则建议在提供给环境保护部门的污染地块调查报告中添加社区咨询措施，包括进行社区咨询的范围、程度和理由。但该导则只提供关于咨询技巧的简要概述，不能作为社区咨询方法的纲要。

《指导性说明：职业安全与健康管理和污染地块施工》（Guidance Note：Occupational Safety and Health Management and Contaminated Sites Work）由西澳大利亚州职业安全与健康委员会（WA Commission for Occupational Safety and Health，WACOSH）于 2005 年发布，目前仍在使用，其目标受众是在污染地块工作的雇主、土地所有者、顾问、雇员、职业安全与健康代表及工作场所管理人员，主要概述了雇主、雇员等在职业安全与健康方面的责任、风险管理的流程（危害识别、风险评估和风险控制）及优先控制措施的层级结构。该指导性说明仅关注施工对安全与健康的影响方面，不关注环境管理问题，侧重描述在污染地块开发的各阶段中在职业安全与健康方面应考虑的因素（包括地块特定的安全和健康计划、地块初步调查、地块详细调查、地块修复、废物管理、废物处理、持续监控和土地开发等）。

《污染地块管理系列：西澳大利亚烃类污染土壤的生物修复》（Contaminated Sites Management Series：Bioremediation of Hydrocarbon-Contaminated Soils in Western Australia）由西澳大利亚州环境保护局于 2004 年发布，目前仍在使用，旨在为烃类污染土壤生物修复活动的管理提供指导，其目标受众是通过生物修复管理烃类污染土壤的相关人员。该文件不提供职业安全与健康程序及生物修复方法的指导，不能作为地块取样指南使用，只执行《环境保护法 1986》中规定的相关义务，适用于采用生物方法进行修复的西澳大利亚州境内的所有土地。但当生物材料的施用总量超过 1 000 吨时，修复土地的工作需要有预防污染许可证才能实施。该文件主要概述了土壤生物修复的适用性、开展生物修复时应考虑的环境影响、生物修复设施的建设要求，以及西澳大利亚州环境保护部门建议的在实施设计过程中应考虑的因素。

《污染地块管理系列：采用管控的自然衰减修复地下水》（Contaminated Sites Management Series：Use of Monitored Natural Attenuation for Groundwater Remediation）由西澳大利亚州环境保护局于 2004 年发布，目前仍在使用，主要介绍了监管机构将管控自然衰减作为修复方法的标准，以及土地所有者按照监管机构要求实施管控自然衰减时所需确定的 4 个步骤（筛选、示范、评估和实施）的细节，其目标受众为顾问、地方政府和需要修复地下水的污染地块的相关企业。该文件为制定管控自然衰减地下水修复策略提供指导，特别是受石油烃污染地块污染的地下水。

《环境因素评估导则：污染地块修复等级的指导性说明》（Guidance for the Assessment of Environmental Factors：Guidance Statement for Remediation Hierarchy for Contaminated Land）由西澳大利亚环境保护局于 2000 年发布，目前仍在使用，旨在为开发建议书的环境影响评估提供建议，其目标受众是土地所有者、顾问和公众。该导则不是法定文件，概述了为实现环境保护、修复污染地块所必须满足的最低要求及修复等级。

### 三、污染地块环境保护标准

在标准制定方面，澳大利亚没有像美国一样建立一般性的环境标准，它只有《国家环境保护措施》，由 NEPC 制定并负责解释。NEPC 依据《国家环境保护委员会法》评估和报告 NEPM 的执行情况。NEPC 在 1998 年制定了统一的大气环境质量标准，而对于饮用水和土壤，NEPC 只出台了导则，包括《土壤和地下水调查值导则》《污染土壤生态调查值方法导则》《As、Cr（Ⅲ）、Cu、DDT、Pb、萘、Ni 和 Zn 的生态调查值导则》《基于健康基准的调查值导则》等。这些导则中规定了土壤和地下水中污染物的调查值、筛选值、生态调查值、健康调查值及制定方法等。

澳大利亚对污染地块的土壤普遍采取风险管理，建立污染土壤风险评估方法，规定了基于风险的统一土壤环境标准值，用于初步筛查关注污染物和污染区域，启动土壤污染调查和评估。澳大利亚联邦政府制定的环境指导值如表 2-1 所示。对于特定污染地块，普遍的做法是结合特定地块条件、规划土地利用方式等，开展特定污染土壤的风险评估，确定污染土壤的修复目标值。在相关法律法规中区分和定义新、老污染土壤，对老污染土壤实行基于风险的土壤环境标准值，对新污染土壤实行严格的土壤环境调查和修复制度。

表 2-1　澳大利亚环境指导值名称、目的及依据等

| 项目 | 名称 | 目的 | 依据 | 指导值 | 来源 |
|---|---|---|---|---|---|
| 污染地块国家环境保护措施 | 健康调查等级 | 地块调查 | 人体健康 | 26 | 国家环境保护委员会（1999） |
| | 环境调查等级 | 地块调查 | 生态 | 11 | |

综上可以看出，澳大利亚联邦政府的环境法规数量较少，联邦政府只负责有限范围内的环境保护活动，通过环境立法来管理环境事务。具体的环境保护工作都由州政府/地区政府负责，地方政府有权禁止对环境造成不利影响的行为。州/地区和地方的环境法规数量较多，尤其是新南威尔士州，它作为英国在澳大利亚最早的殖民地，位于澳大利亚东南部，东濒太平洋，是澳大利亚人口最多、工业化和城市化水平最高的州。另外，新南威尔士州有着丰富的矿产资源，工业部门多，钢铁工业发达，机械制造业、纺织业等具有优势，因此其环境问题也较为突出，是澳大利亚污染最重的两个州（新南威尔士州和维多利亚州）之一，至少有30 000 个污染区[9]。2005～2014 年，新南威尔士州污染地块监管、修复数量及不同类型污染地块的监管数量如图 2-3 和图 2-4 所示。可以看出，在 2005～2014 年，新南威尔士州监管和已修复的地块数量呈逐年增加趋势。在监管的地块中，加油站所占比例高达 42%，而其他石油工业、煤气厂和其他工业地块所占比例分别为16%、12%和 12%。因此，本章第三节污染地块修复程序以新南威尔士州为例进行论述。

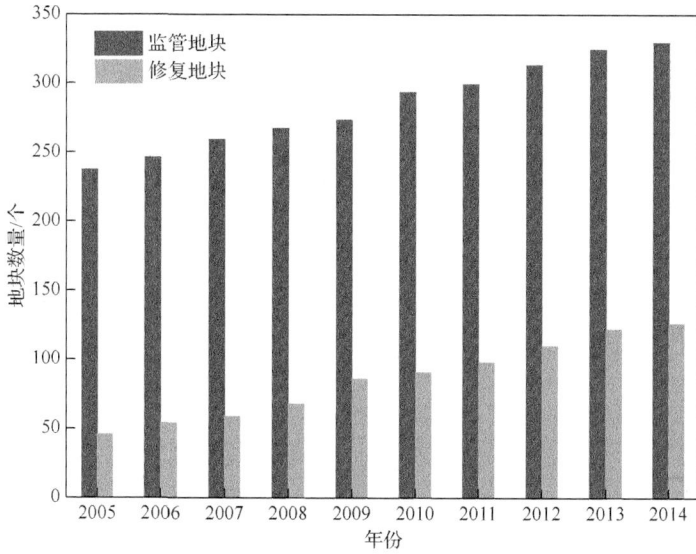

图 2-3 新南威尔士州污染地块监管及修复数量

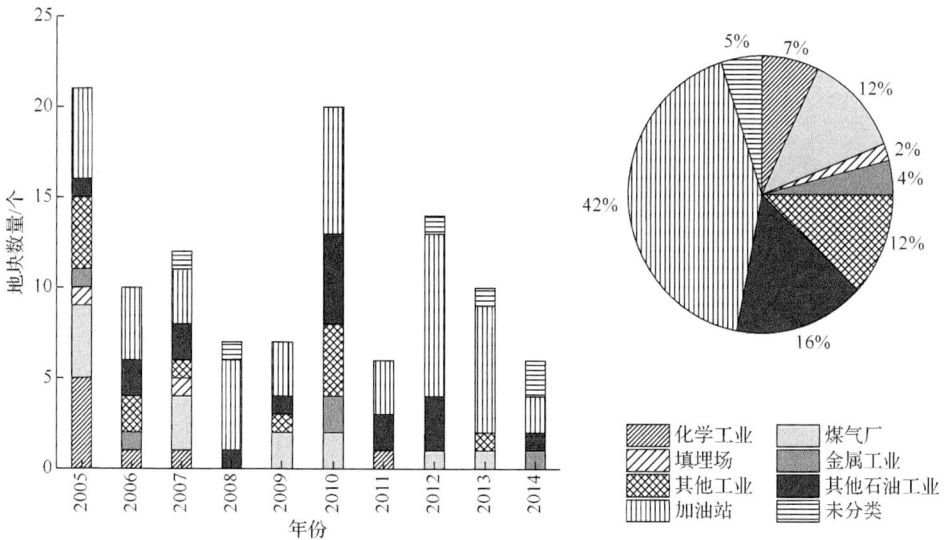

图 2-4 新南威尔士州不同类型污染地块的监管数量

# 第三节 污染地块修复程序

新南威尔士州的土地污染区多集中在历史上的重工业所在地或者交通枢纽。

新南威尔士州环境保护局是新南威尔士州主要的环境监管机构，通过颁发环境保护许可证、要求企业严格执行减少污染的措施、监督企业对许可条件的遵守情况并编制调查污染报告、下令清理污染、实施罚款/起诉违法单位和个人等方式来约束企业，以确保其活动不会危害环境和人体健康。新南威尔士州环境保护局的职能还包括：管理涉及危险废物的污染事件、制定并公告环境计划和政策、开展提高环保意识的教育活动、通过赠款和赞助支持保护环境的活动、为其他政府机构提供技术支持和专业知识。

澳大利亚联邦政府通过相关的环境规划政策，在土地开发方面对州政府/地区政府进行指导。在审批开发申请时，地方政府应考虑拟开展活动可能对土地造成的污染，要求开发商同意规定的具体条件，降低未来污染的可能性。《环境规划与评估法 1979》（Environmental Planning and Assessment Act 1979）将许多引发污染的活动认定为开发活动。在这种情况下，开发商应当开展环境影响评估，并征求公众意见。根据《环境保护法 1997》，多数开发活动需要获得新南威尔士州环境保护局颁发的环境保护许可，该许可含有某些限制条件，以防止某些活动造成污染或者确保造成的污染最小。新南威尔士州环境保护局可以要求活动的主体提供保证金，以保障将来可能承担的治理工作，如为建造垃圾填埋场颁发的许可，可要求活动的主体先行制订终止计划。新南威尔士州城市事务规划部门与新南威尔士州环境保护局于 1998 年联合发布《土地污染管理规划导则》（Managing Land Contamination Planning Guidelines），其中列举了大量可能造成污染的活动。

对于土地污染问题，一般依据新南威尔士州《污染地块管理法 1997》来解决，该法是新南威尔士州污染地块治理的专门立法。任何工业用地只要符合新南威尔士州《污染地块管理法 1997》中关于"对人体健康/环境有严重危害"的规定，就应当由新南威尔士州环境保护局进行管理。其他土地污染由地方政府通过规划和开发监管程序进行处理。该法赋予新南威尔士州环境保护局极为广泛的权力，规定了严格的土地污染告知义务和公众强制执行制度，新南威尔士州环境保护局有权对严重污染的土地进行调查和治理。

《污染地块管理法 1997》中定义的土地污染是指在土地里、土地上或土地下，某种物质的浓度超过该物质在同地区相应的土地里、土地上或土地下正常存在的浓度，并对人体健康或环境造成危害的现象。为了更好地反映潜在外来污染源复杂的地理学和地质学特性，该法第 5（4）条规定，根据本法立法宗旨，土地可能会因土地里、土地上、土地下的外来污染物质而部分或全部受到污染，此种情况下的土地也可能成为污染地块。为了防止污染地块定义的无限扩大化，该法还专门规定了不得认定为污染地块的情形。该法第 5（3）条规定，有以下 3 类情形的土地不属于污染地块：①仅因为地表水中存在一定浓度的污染物且该地表水停留/流经某一土地；②仅因为土地中含有法律规定的物质；③土地存在法律规定的其他情形。对于污染地块的修复，一般包括地块调查及污染地块认定、污染地块责任人界定、污染地块修复 3 个步骤。

**一、地块调查及污染地块认定**

根据《污染地块管理法 1997》规定，初步调查可由被环境保护局所怀疑的污染责任人/土地所有者/名义所有者/在土地上进行污染活动的任何人实施。若其拒绝执行初步调查，则将被处以罚金。值得注意的是，初步调查并不会赋予调查者污染地块的准入权，当所有者拒绝调查者进入污染地块调查时，任何人都无权进入，此时新南威尔士州可延期发布或撤回调查令。在大多数情况下，对于已污染/可能污染地块的认定依赖于风险评估。依据该法，环境保护局有权管理严重污染地块、进行地块审核、制定评估和修复导则、调查污染地块信息等。其中，管理严重污染地块的权力包括以下内容①。

1. **声明土地为严重污染地块**

如果环境保护局有理由认定土地受到污染，且污染严重到需要监管，那么环境保护局可以声明该土地为严重污染地块，声明②将以通告的方式发表在政府公报（Gazette）上。环境保护局还应将该声明告知土地所有者、名义所有者、污染责任人、土地占有者、地方政府、工业投资部负责人③。

2. **选择管理令的适格主体**

如果环境保护局对严重污染地块下达了管理令，则必须指定一个或多个人选/公共机构作为管理令的适格主体。适格主体包括污染责任人、土地所有者、名义所有者。若无法找到适格主体或者无法查明适格主体的真实身份和所在地，又或者该适格主体无偿还债务的能力，则可以不指定适格主体。但无论其是否为适格主体，任何公共机构都可被指定为管理令的主体。

3. **开展管理令所要求采取的行动**

管理令可要求主体采取以下一项或多项行动：调查严重污染地块、修复严重

---

① Contaminated Land Management Act 1997, Division 2 & 3, Current version for 1 January 2015 to date.
② 声明包含的内容：合理描述地块，指明环境保护局认定土地受到污染的原因和具体的污染物质，说明环境保护局认为污染物已造成危害的理由，建议将该土地列为严重污染地块（但并不妨碍任何人对该土地进行自愿管理），建议任何人可在通告有效期内（不少于 21 天）向环境保护局提交关于是否应对该土地下达管理令（management order）的建议。
③ 仅在环境保护局有理由认定严重污染地块是由在土地上浸泡牛（与新西兰浸泡绵羊相类似，为防止寄生虫等而清洗牲畜所用的洗涤剂可能污染地块）造成污染的情况下，告知工业投资部负责人声明。依据《牲畜疾病法1923》（Stock Diseases Act 1923）对工业投资部理事长（Director-General of the Department of Industry and Investment）的权责规定。

污染地块、监测污染风险及修复的有效性等。

4. 自愿管理提案的批准

当一人或多人向环境保护局申请自愿管理提案（voluntary management proposals）时，若无特殊情况，则环境保护局应无条件批准。

5. 对已管理土地采取持续管理措施

环境保护局对已执行管理令/已批准自愿管理提案的主体下达持续管理令（ongoing maintenance orders），要求主体执行持续管理令中规定的事项。

如果地块被污染但未达到严重污染的水平，则应纳入城市土地利用规划体系，根据《环境规划与评估法 1979》及《第 55 号州环境规划政策——土地修复》（State Environmental Planning Policy No.55—Remediation of Land）进行规划和修复。

当土地受到污染且对人体健康或环境造成"严重危害"时，环境保护局应当依据下列因素进行评估：土地污染是否已经造成危害（如动、植物中毒）；该物质是否属于不易分解/生物积累型有毒物质；该物质是否大量出现/浓度较高/混合出现；该物质是否有泄露途径（即该物质从污染源到人体或者其他环境要素的路径）；目前对该土地及其相邻土地的使用是否增加了危害风险；该土地及其相邻土地的批准使用是否增加了危害风险；该物质是否已经/有可能从土地中转移；采用环境保护局发布的污染治理导则进行评估，如果环境保护局的评估结果是有严重危害的，则环境保护局可行使两项权力：①宣布该土地属于调查地段，并下令对该土地进行调查；②宣布该土地属于治理地段，并下令清除污染。环境保护局可以委派土地监察员，对土地的污染程度进行调查，并制订相应的治理行动计划，但并非所有情形都需要委派监察员进行调查。《污染地块管理法 1997》规定，当事人/土地所有者有义务将自己已知活动所造成的土地污染情况及其引发的严重危害告知环境保护局。

环境保护局有权发布书面初步调查令，命令其执行人员在指定的时间内对指定的土地进行初步调查。调查的内容包括：是否存在调查令中的污染物及污染物的性质和相关信息。初步调查令送达给以下当事人：责任人、土地所有者、名义所有者、产生/消耗了调查令中污染物的行为人/公共权力机构、产生/消耗的物质可能会通过相互反应/自然过程转化成调查令中的污染物的行为人或公共权力机构。名义所有者是拥有土地使用权的抵押人或对土地有以下既得利益的人：①对归属于他的土地享有自由保有利益；②可以处置或以其他方式处理自由保有利益，包括从赋权/处置/买卖中获得土地的全部或部分价值。

若环境保护局认为土地受到污染，且污染严重到一定程度，则应宣布该土地为严重污染地块。

　　环境保护局应在政府公报上公告特定土地被认定为严重污染地块及其存在的特定污染物，并具体说明可能造成的危害程度等内容。认定该土地为严重污染地块后，有两种处理方法：一是环境保护局签发管理令；二是制定、批准自愿管理提案。详细评估的调查命令和修复措施的修复命令囊括在《污染地块管理法 1997》的管理令中［见《污染地块管理法 1997》第 4 条"定义（definitions）"中的"管理（management）"一节］。

## 二、污染地块责任人界定

　　《污染地块管理法 1997》第 6（1）条规定，有下列情形之一的，无论造成的污染严重与否，当事人都被认定为污染地块的责任人。

　　1）无论是否有其他人造成污染，该当事人都造成了土地污染。

　　2）当事人的行为/活动引起物质的转化，使得转化后的物质造成土地的污染，尽管原物质本身并不污染地块。

　　3）当事人是土地所有者/占有者，知道/应当知道可能发生土地污染，却没有采取合理的措施阻止污染的发生。

　　4）当事人在土地上的活动产生/消耗了污染物，或者产生/消耗了可能转化为污染物的物质，该转化包括物质间的反应和物质在土地里的自然变化过程。

　　另外，《污染地块管理法 1997》规定了两种当事人应承担严重污染地块责任的情形：①严重污染的发生是当事人的行为/活动导致之前存在的污染物发生变化，从而使土地成为严重污染地块；②当事人的行为/活动擅自改变批准的土地用途并增加了危害风险，使得环保局确认该土地为严重污染地块（即使污染物本身没有发生转化）。该法也规定了免责条款，即当事人只有在能够证明该污染不是自己造成的情况下，才能免于承担责任。

## 三、污染地块修复

　　污染地块管理令（包括修复）是指环境保护局可向适格主体/公共权力机构下达通知其在合理期限内采取相关行动治理污染土地的命令。环境保护局签发的污染地块管理令可具体指定一个/几个适格主体/非适格主体执行。公共权力机构可作为适格主体，也可作为非适格主体。环境保护局应遵循以下顺序确定执行管理令的适格主体：污染地块责任人—土地所有者—名义所有者。任何人（包括公共权力机构）采取与土地有关的行动，均可向污染者要求偿还费用。管理令必须说明以下事项：适用管理令的污染地块、环境保护局认为污染地块的性质（以及实际或可能的危害性质）、执行管理令的行为人必须采取的行动、采取行动的合理期限。管理令可以要求执行人实施以下一项或几项行为。

　　1）调查污染地块的现状、污染物的性质和污染程度，以及污染引起的或可能引起的危害性质和程度。

2）调查最适宜的污染地块修复方法，开展污染地块修复，评估污染地块的修复效果及其修复后的危害风险。

3）在严重污染地块设置栅栏、围墙、堤坝等隔离物，处理/固定污染地块中的固体/液体材料（包括土壤、沙子、岩石或水）或将其从土地上移除。

4）取消/停止全部/部分土地上与调查/修复无关的活动，设置标志/告示，不得用管理令中禁止的方式/对土地进行破坏/进一步破坏。

5）通知土地占有者管理令，以便相关人员能够进入该地块（该地块可能被污染，但不一定是严重污染地块）执行命令。

6）在地块审核员的指导下实施管理令中规定的行为。

7）向环境保护局报告进展和土地所有权/占有权的变更情况，若发现地下水被污染，则依据《水资源管理法 2000》（Water Management Act 2000）向主管部门报告。

8）若污染地块经修复后达标，则以通告的形式在政府公报中发布，管理令失效。

自愿管理提案[1]指一方或多方当事人制定的有关污染地块自愿管理（包括修复）的方案。该提案须经环境保护局批准方能生效。环境保护局须无条件批准自愿管理提案，但存在以下情况时环境保护局可拒绝批准：提案各方已采取一切合理步骤确定并找到该严重污染地块的土地所有者/名义所有者/污染责任人。如果环境保护局已经批准了自愿管理提案，那么当存在以下情况时，环境保护局仍可执行管理令：①合适人选/公共机构没有参与申请自愿管理提案；②合适人选/公共机构参与了申请自愿管理提案，但环境保护局认为该申请人未执行所批准提案的条款、管理令所涉及的事项在提案中没有充分说明、所批准提案涉嫌造假/有误导性信息。

## 四、持续管理措施

《污染地块管理法 1997》中规定了持续管理措施，要求土地占有者或所有者以公众正面合约（public positive covenant）的形式，向环境保护局报告土地占有权或所有权的变动，也可以要求该土地不得用于某一特定用途或特定使用方式。因违反这些要求而引发严重污染的占有者或所有者，将成为污染责任人。

持续维护令适用于管理令或批准的自愿管理提案（无论土地是否为严重污染地块）所涉及的土地。环境保护局应向土地所有者/占有者送达持续维护令，要求其在该管理令明确规定的时间内开始以下一项/几项活动：对土地进行持续管理，

---

① Contaminated Land Management Act 1997, Part 3, Division 2, Section 17, Current version for 1 January 2015 to date.

在规定时间内/发生任何持续管理令规定的事件时/土地所有权和土地占有权变更时向环境保护局/环境保护局指定人员报告，不在该土地上开展持续管理令禁止的活动，不将该土地用于持续管理令禁止的用途，执行持续管理令规定的事项。若执行人未遵守有关污染地块管理的相关命令，则环境保护局可自行执行相关命令规定的内容，或以书面通知的形式由其他公共权力机构执行相关命令。

# 第四节　污染地块修复融资机制

## 一、保证金

保证金是指在执行管理令时要求提供财政保证/担保的资金。环境保护局不能要求当事人提供保证金，除非满足以下要求：环境危害风险与当事人的活动相关、因当事人的活动而要求进行修复工作、当事人被记录在环境档案中、法律规定的其他事项。保证金不一定是现金，也可以是其他形式的保证，包括银行担保、债券、其他环境保护局认为合适的担保形式/管理令中指定的形式。对于保证金数量的确定，应依据以下规定。

1）由环境保护局确定保证金的数量。

2）环境保护局不能要求保证金的数量超过开展相关活动的总成本。总成本是指根据环境保护局的意见，估算出可能的花费及在管理令要求下发生在执行活动的成本，包括可能的花费及环保局进行指导和监督活动的成本。

3）环境保护局可以要求当事人提供保证金，用于地块管理活动中独立评估的花费。

环境保护局可以在承保人无法实现其承诺的情况下，直接或在第三方监督下执行承保人在此项下提供的担保/保证；环境保护局可能通过承包商、顾问或其他方式来执行担保，或者环境保护局直接或许可其他人来执行担保。

## 二、费用支付

《污染地块管理法1997》中具体规定了污染地块管理费用的偿还问题，对于环境保护局相关费用的偿还，环境保护局应书面通知当事人偿还以下一项/全部费用，具体包括：制作并送达相关命令的费用、监督执行管理令或经批准的自愿管理提案的相关费用、寻求自愿管理提案参与方的相关费用、与上述费用相关或附带的其他费用、规定的其他费用（费用根据规定的比例/数量确定，若无此规定，则根据合理的比例/数量确定）。

对于公共权力机构执行相关命令的费用的偿还，根据该法第30条的规定，若当事人没有执行命令，则环境保护局可自行执行命令或由其他公共权力机构执行命令。公共权力机构可以通过书面通知，要求当事人偿还其执行命令时合理产生的全部或任何一项费用。对于不能根据上述要求偿还的费用，公共权力机构可以通过书面通知，要求土地所有者支付其作为非适格主体执行关于土地的命令（无论该命令是否与土地所有者相关）时合理产生的全部或任何一项费用。公共权力机构可与土地所有者签订关于支付偿还费用的协议，偿还方式包括分期支付、部分支付、延期支付或者债务和解。对于当事人之间费用的偿还，该法规定了以下4种情形。

1）执行命令的人不是污染者，该当事人执行与严重污染地块相关的管理令，且不是严重污染的责任人时，可以要求每个责任人偿还其在执行命令时支出的费用。

2）执行了土地初步调查令的当事人，不是严重污染的责任人时，可以要求每个责任人偿还其在执行命令期间支出的费用。

3）执行管理令的当事人是污染者，执行与严重污染地块相关的管理令，且是严重污染地块的责任人时，可以要求其他责任人偿还其在执行命令时支出的部分费用。

4）土地所有者/名义所有者偿还了环境保护局和公共权力机构通知中明确规定的费用，且不是严重污染的责任人时，可要求每个责任人偿还其所支出费用的部分份额。

公共权力机构执行该法规定下的相关命令时所产生的部分/全部费用，由国会专门用于管理土地污染的拨款支付；公共权力机构从有关当事人处收回部分/全部费用的，应偿还给原拨付处。

### 三、环境信托基金

《污染地块管理法 1997》中还规定，如果个人未能完成与污染地块有关的任一命令，则环境保护局/环境保护部门要求的其他政府部门可以介入，且必须完成此命令，在完成后可以依据上述规定追缴支出费用。新南威尔士州依照《环境信托基金法 1998》（Environmental Trust Act 1998）建立了环境信托基金，以支持保护环境的行动，而环境信托基金每年通过《污染地块管理计划》（Contaminated Land Management Program），为新南威尔士州环境保护局提供 200 万澳元的经费支持，该费用用于严重污染地块的调查和修复，以及为地方政府防治污染地块提供支持。

# 第五节　污染地块的监管

　　根据《污染地块管理法1997》中的规定，地块审核制度是监督该法所制定管理义务完成情况的机制。地块审核不能由个人/个人委派代表完成，如果违反，则处以120 000澳元的罚金。在地块审核过程中，审核员的评审小组应由环境保护部门任命，并且由不少于4名具有相关技术专长的专家组成。评审小组的职责是向环境保护局提供关于申请成为审核员的适用性建议，以及向环境保护局提供其要求的其他建议。评审小组必须包括以下成员。

　　1）由环境保护部门任命为评审小组组长的环境保护部门工作人员。

　　2）由新南威尔士州自然保护委员会指定的社区环保组织代表。

　　3）工厂代表。

　　4）有土地污染相关学科背景且学历为本科以上的专家。

　　地块经审核后必须制定"地块审核报告"和"地块审核声明"，其中"地块审核报告"须包含地块的评论性信息，并且要在"地块审核声明"中简明陈述得出结论的原因。

# 第三章　新西兰污染地块管理框架

新西兰是一个实行君主立宪制且混合英国式议会民主制的国家，现为英联邦成员。新西兰议会是立法机构，政府对议会负责，接受其监督。新西兰全国有 11 个大区、5 个单一辖区（unitary authorities）、67 个地区行政机构，形成两级地方结构。各大区/单一辖区设立区域委员会（Region Council），其环境职责主要是根据《资源管理法 1991》统一管理土壤、有害废弃物、噪声等环境和资源事务；各地区设立地区行政机构（territorial authorities），作为新西兰地方政府的第二级行政机构，负责土地使用规划、港湾管理、污染地块管理及垃圾处理、公园、图书馆等区域性公共服务[10]。新西兰中央政府与地方政府之间不存在行政隶属关系，它们依据法律规定各自行使法定的职权。

不同于北半球国家的重工业型或工商业型经济，新西兰是自然资源型农牧业国家，新西兰总土地面积的一半用于农业和林业，其中 40%是草原，8%是森林。新西兰主要的农业是畜牧业，主要养殖绵羊。但在 1970～2019 年，牧场规模发生变化，养羊场数量大幅减少，而奶牛场数量增加。这种非工业型经济在资源开发的压力下同样可能导致环境问题，如过多地使用化肥、杀虫剂、机械，对土壤、水、物种和自然生态系统会产生不利影响，尤其是可能造成土壤被侵蚀和水土被破坏[11]。新西兰较严重的环境问题之一是土壤问题，包括土壤腐蚀、肥力下降、板结、被污染、洪水破坏和城市化用地增加等[12]。

## 第一节　新西兰环境管理概况

新西兰污染地块的主管部门是新西兰环境部（New Zealand Ministry for the Environment，NZME）。新西兰环境部成立于 1986 年，具有广泛的环境职责，具体包括资源管理、有害物质控制、臭氧层保护、气候变化响应、土地和水管理、废物最小化，以及受污染地块管理。新西兰环境部还具有制定环境和评估标准及污染地块管理导则的权力，且在污染地块问题上对地方政府起着领导作用，如环境保护局需要向新西兰环境部进行汇报。环境保护局负责管理基础设施项目、规范有害物质和化学品处置方式、管理污染物排放，以及管理专属经济区活动对环境的影响等事务。此外，新西兰环境部还负责管理各种政府资助补助金，如污染地块修复基金。新西兰污染地块管理框架借鉴了澳大利亚的经验，因此与澳大利亚污染地块管理框架有很多相似之处。

新西兰目前具有约束力的环境保护相关法律主要包括《环境法 1986》（Environmental Act 1986）、《环境报告法 2015》（Environmental Reporting Act 2015）、《资源管理法 1991》、《废物减排法 2008》（Waste Minimisation Act 2008）、《环境保护局法 2011》（Environmental Protection Authority Act 2011）、《水土保持和河流控制法 1941》（Soil Conservation and Rivers Control Act 1941）等。其他与土地管理相关的法规包括《人造林国家环境标准》（National Environmental Standards for Plantation Forestry）、《淡水养殖场计划法》（Regulations for Freshwater Farm Plans）、《化肥公司报告含氮肥销售情况法》（Regulations Requiring Fertiliser Companies to Report on the Sales of Nitrogenous Fertiliser）和《过渡、费用、租金和许可使用法》（Transitional，Fees，Rents，and Royalties Regulations），这些法规均属于《资源管理法 1991》和《资源管理修正法案 2020》（Resource Management Amendment Act 2020）的下属条例。

# 第二节　污染地块相关政策法规

## 一、法律法规

新西兰环境部制定了相关的法规、导则和标准，用于管理污染地块。《资源管理法 1991》由国会通过，替代了以前的 59 个资源和环境法，成为目前新西兰统一的自然资源和环境管理框架性法律。该法将政府的关注点从土地如何使用，转移到不同的土地使用将对环境和人民造成什么样的影响，使得环境质量标准适用于每种土地的利用（包括公有土地和私有土地）。该法不仅赋予了每个公民享受环境的权利和保护环境的义务，还建立了一套系统的环境保护管理体系。在《资源管理法 1991》体系下，对环境保护事务进行管理并解决环境纠纷的主要机构有区域委员会、环境部和环境法院。

区域委员会是三级管理体系中最为基础的一级，可直接管理民众的环境事务，其职责是以做出决定的方式，对可能影响邻里、社区、自然环境或者人们自身的行为进行管理，从而减少其对环境的危害。区域委员会的当地议员在做出这些具体决定时，一般需要以相关地区或区域规划、国家政策声明、国家标准等为依据。这些依据有很大一部分是由区域委员会在《资源管理法 1991》的框架下制定并通过的。

环境部负责监督《资源管理法 1991》的执行，并就如何更好地适应《资源管理法 1991》，对区域委员会、商业机构和居民社区进行指导。环境部在这个体系下也有一定的职责，即协同区域委员会保护海岸及其他自然保护区的环境。环境法院负责对区域委员会的具体环境工作进行监督，负责处理区域委员会在解决具体环境问题过程中产生的纠纷。因此，在"区域委员会-环境部-环境法院"管理体系中，环境法院扮演了一个最终仲裁者的角色，但环境法院一般不直接介入具体的环境纠纷，其作用是在民众与政府之间主持公正。

《资源管理法 1991》的内容包括对土地、大气、水、海岸、地热和相关污染的管理。所有这些资源管理共同存在于一个协调的管理框架之中。它包括 3 个互相联系的功能：一是进行自然资源利用的社会分配；二是控制污染物排放，如向大气、土地、水体排放的污染物；三是管理因开发利用土地、大气、水等活动而引发的负面环境影响。依据《资源管理法 1991》，政府主要借助两种渠道实施管理，即《国家政策公报》和《国家环境标准》。《国家政策公报》阐明环境和资源可持续管理的宗旨和目标，它是声明性的，不具有规范性。《国家环境标准》与《国家政策公报》的不同之处在于，它更具规范性，适用于全国，要求各地区的规划和政策不得与之相悖。《资源管理法 1991》的重点是对规划和行为的后果进行控制，执行环境标准，具有重要的意义和作用。《国家环境标准》的主要内容是关于自然资源利用、开发和保护的技术标准，如污染标准、水质量标准、水位标准、水流量标准、大气质量标准、土壤质量标准。这些都属于技术标准，是在非特殊情况下不得逾越的底线标准。

地方政府直接由选举产生，负责制定地方政策公报和计划。地方政策公报必须符合和反映《国家政策公报》和《国家环境标准》的相关内容，必须符合可持续管理的要求；要概述地方的主要环境问题和优先行动计划，把可持续管理原则与地方的生态物理特征和社会经济特点相结合，具体运用到资源管理中；要识别该地方的主要资源及其应用条件、资源和生态问题及其关联，并以此为客观依据制订可持续管理的战略和优先计划。地方政策公报只是政策声明，因此需要配合制定的管制条例才能被贯彻执行，如地方计划就是在进行具体的资源管理时，提供更具针对性的指导政策和管制性措施。地方政府通过制订计划对地方土地利用、水土保持和污染排放进行管理。根据居民社区分布划分区政府，每个地方政府都要制订自己的计划，包括与土地利用、噪声控制、河/湖/地表水利用等活动相关的具体管理措施。

《资源管理法 1991》继承并发展了符合可持续资源管理的法律原则和制度。许可制度是《资源管理法 1991》的一个重要制度。《资源管理法 1991》对此规定了一系列的法律义务和责任，即无论是否持有开发许可证，所有公民都有责任避免、补救或减轻对环境的不良影响。换言之，《资源管理法1991》以义务性和禁止性规范的形式设定了一个广泛的法律前提，即如果没有《资源管理法1991》或其他法律或合法有效的开发计划许可，则禁止开发利用自然资源（资源许可主要包括土地使用许可、细分许可、沿海许可、水资源许可、排污许可等）。在土地排污管理方面，从事工商活动的私企未经许可不得排放任何污染物，但对土地等私有资源的利用活动（如建筑和工程），除了属于被《资源管理法1991》和法定计划条款强制禁止的活动外，都视作是被许可的行为，但必须符合环境标准或可持续资源管理的要求。如果土地所有者的土地利用活动未达到法定的环境质量标准和技术性指标，但仍想进行该活动，则必须取得特殊许可，且必须完成对该活动的环境后果进行评估的公开程序①。现在的许可程序更为简单、便捷，因为现在执行的是单一许可程序，只有地方政府的议会才有权发放许可。如果一个标地涉及两个议会的许可（如建工厂需要建设用地许可和排污许可），则可将两项许可程序合并为一项进行。然而，许可程序的简化并不意味着可轻易获得许可，因为所有的开发活动都有保证底线的资源可持续利用方式。

与许可制度不可分割的是环境后果评估制度。每个许可申请必须附上环境后果评估，申请者必须履行评估义务。法定计划中对有关评估的具体内容和程序作了规定。在没有计划或计划中没有评估规定时，申请者必须保证已明确认知环境的不良影响，且确认并制定了相关的避免、补救或减轻不良影响的措施。

《资源管理法1991》建立在"污染者付费"的基础上，因此，环境相关费用由申请人或提出相关程序的人来承担。除此之外，根据许可证的申请条件及其规定条款，申请许可还可能涉及其他一系列的费用，如保证金、契约金、环境补偿费、其他相关工作和服务的费用、许可证条件下的监测费用等。许可管制是典型的政府管制措施，但管制不是《资源管理法1991》设定的唯一/最佳的管理方法。许可管制是可替代机制中必需的一种方式，与之并存的还有信息服务、财政补贴和经济手段等。为了选择最佳方式处理某些特定问题，《资源管理法1991》中要求在环境活动中进行可替代方案分析，并在多元分析配合下综合考虑不同的环境因子。一些地方政府意识到可替代机制的重要性，已逐渐采用可替代的方式来替代管制方式。

《资源管理法1991》中建立了相当严格的法律责任制度。政府官员为其行政行为承担法律责任，公司的董事和经理为公司的违法行为承担法律责任，如罚金

---

① 里昂德·伯顿，克里斯·库克林，杜群. 新西兰水资源管理与环境政策改革[J].外国法译评，1998（4）：22-31.

和监禁。违反《资源管理法 1991》的条款，若构成违法行为，则将受到刑事处罚（最高为 2 年监禁）或罚金（最高 20 万新西兰元）；若是持续性的违法行为，则另有每日 1 万新西兰元的罚金。这些处罚与新西兰以前的环境法律相比是非常严格的。严格的法律制度，尤其是给违法行为设定高额罚金的做法，对贯彻落实《资源管理法 1991》有极大的促进作用，正改变着人们的行为方式①。

监测是落实《资源管理法 1991》的重要环节。监测的目的是确认资源管理的目标、结果和实现的方法是否恰当，经费是否合理。只有通过监测了解实际状况以后，才能对上述问题进行正确判断。《资源管理法 1991》中要求政府收集与环境可持续发展相关的信息，监测环境的状况和许可执行情况，并对执行过程中政策公报和计划的可持续性和效率进行监测②。在《资源管理法 1991》颁布以前，新西兰政府于 1972 年建立了环境委员会，专门负责政策咨询和环境评估程序的建设和实施。但在新西兰环境行政机构改组后，成立了新西兰国会环境委员会（New Zealand Parliament Environment Committee），该机构负责监督、监测国家资源法律的执行情况。

《资源管理法 1991》建立了公众参与监督的机制，使公民可就政策、计划和公报的许可提出申诉。《资源管理法 1991》采用非公报式许可，非公报式许可适用于造成轻微不良影响的开发利用活动或许可已颁发的情况③。如果对地方政府做出的决定有异议，可以诉于环境法院。环境法院是管辖资源管理事务的专门法庭，其级别为地方法院。在资源管理方面经验丰富的环境委员会委员也可协助主审法官的工作。对于提交到环境法院的申诉，通常要举行听证会，在听证会听审议案、验证证据并进行全面审查，除了申诉以外，任何公民都有权向环境法院申请对法律或相关强制性权利义务的含义进行解释，或要求环境法院依据法律、计划或许可发布执行令以行使职权[13]。申诉和申请是两种可行且有效的公众参与监督途径。《资源管理法 1991》加强了对可替代争议处理的管理，为仲裁、调解和预听证会提供了法律依据。这些条款已被广泛应用，尤其是预听证会。无论是申诉案还是申请案，都通过预听证会对案件进行筛选，仅保留存在争议的案件进入正式听证程序。

依据《资源管理法 1991》，当地议员（与环境法院的成员不同）代表地方政府出席资源开发许可申请的听证会。《资源管理法 1991》在保证环境法院独立审判的同时，为环境专家参与争议处理提供了法律途径，这有利于维护争议处理的公正性。

---

① 杜群. 新西兰《资源管理法》述评[J]. 世界环境, 1999（1）：11-15.
② 同①。
③ 同①。

经过预听证后提交到环境法院的案件分为两类。一类是涉及判别政府提出的某个具体计划和政策是否符合可持续管理的要求的案件。法院的审判活动完全独立，不受地方政府已做出决定的影响。另一类是涉及许可发放和执行环境标准的案件。环境法院将审查某个许可发放是否符合可持续管理要求，如果不符合，则可以宣布许可无效。环境法院有权要求许可证持有者履行许可证规定的义务，并遵守相关环境标准。即使是非许可证持有者，如果他们的行为违反了法定计划所设的环境标准，那么环境法院也有权管辖他们。对上述案件的判决，任何公民都可以向法院申请执行令。环境法院的法官多为专门针对环境案件进行审判的终生法官，具备丰富的环境相关专业知识，也有一些法官来自不同的社会阶层，同样具备环境相关知识。

新西兰的环境问题多集中于资源管理而不是污染清理，这是新西兰能够建立较理想资源管理框架的主要原因，这也与《资源管理法1991》在第二章第五节中强调其立法目的是实现自然资源和物质性资源的可持续管理相符合[6]。《资源管理法1991》提供了一个全面的、富有成效的环境管理体系，即以一个综合性的法律来实现对土地利用、水、土壤、大气、海岸和环境质量的全面管理，这种管理以环境容量为基础，侧重控制资源利用所引发的环境后果，而不仅仅是控制行为本身[①]。

## 二、污染地块管理导则

新西兰与污染地块相关导则均由新西兰环境部发布[②]，具体信息如下。

《用户导则：基于保护人体健康的土壤污染评估和管理国家环境标准》（User's Guide：National Environmental Standard for Assessing and Managing Contaminants in Soil to Protect Human Health）于2012年发布，是《资源管理条例（基于保护人体健康的土壤污染评估和管理国家环境标准）》[Resource Management（National Environmental Standard for Assessing and Managing Contaminants in Soil to Protect Human Health）Regulation，NESCS]的一份解释性文件，旨在为NESCS的实施提供更多的信息，其目标受众是区域委员会和相关机构的工作人员。该导则详细介绍了NESCS，分析了制定国家统一的污染土壤管理方法的背景，是对NESCS的解释和扩展。该导则对污染地块的识别和评估进行了描述，但描述不包括任何具体的补救措施。

《新西兰石油烃污染地块评估和管理导则》（Guidelines for Assessing and

---

① 杜群. 新西兰《资源管理法》述评[J]. 世界环境，1999（1）：11-15.

② Cooperative Research Centre for Contamination Assessment and Remediation of the Environment. Technical Report series, no.28: Identification of existing guidance for a National Remediation Framework[R]. Adelaide: Australia, 2013.

Managing Petroleum Hydrocarbon Contaminated Sites in New Zealand）于 1999 年发布，并于 2011 年进行了修订，共包括 7 个模块，分别为模块 1《基于风险的地块评估和管理方法》（Risk-Based Approach to Site Assessment and Management）、模块 2《碳氢化合物污染的基本原理》（Hydrocarbon Contamination Fundamentals）、模块 3《地块评估》（Site Assessment）、模块 4《一级土壤验收标准》（Tier 1 Soil Acceptance Criteria）、模块 5《一级地下水验收标准》（Tier 1 Groundwater Acceptance Criteria）、模块 6《特定地块验收标准的制定》（Development of Site-Specific Acceptance Criteria）、模块 7《地块管理》（Site Management）。这 7 个模块为评估和管理石油烃污染地块提供了全面指导。其中，模块 1 概述了基于风险的污染地块评估方法，包括采用分级法进行地块评估，对风险评估和土壤、地下水验收标准的制定进行一般性审查，地块调查和风险评估的综合方法（图 3-1）；模块 2 提供了评估碳氢化合物污染所需的基本因素；模块 3 介绍了适用的地块调查方法，包括抽样方案的设计、各类调查设备的适用性、抽样技术和质量保证等方面的信息；模块 4 描述了制定土壤验收标准和推导土壤筛选标准的详细程序；模块 5 概述了制定灌溉保护标准时所使用的方法；模块 6 描述了制定二级、三级特定地块验收标准的程序，提供了特定地块的相关信息和文件，制定特定地块验收标准的目的是将污染物行为及扩散模型与特定地块相关数据结合起来；模块 7 介绍了可用于石油烃污染地块的管理和修复方法，分析了与土壤和地下水修复活动、污染土壤和地下水处置方法有关的一系列控制措施的优缺点及其对地块适宜性的要求（包括土壤和地下水修复技术和相关立法要求）。

新西兰污染地块管理导则共包含 5 份文件，分别为《污染地块管理导则 1：新西兰污染地块报告》（Contaminated Land Management Guidelines No.1：Reporting on Contaminated Sites in New Zealand）、《污染地块管理导则 2：新西兰环境指导值分级与应用》（Contaminated Land Management Guidelines No.2：Hierarchy and Application in New Zealand of Environmental Guideline Values）、《污染地块管理导则 3：风险筛选系统》（Contaminated Land Management Guidelines No.3：Risk Screening System）、《污染地块管理导则 4：分类和信息管理协议》（Contaminated Land Management Guidelines No.4：Classification and Information Management Protocols）、《污染地块管理导则 5：地块调查和采样分析》（Contaminated Land Management Guidelines No.5：Site Investigation and Analysis of Soils），这些文件均由新西兰环境部于 2001 年发布，并于 2011 年进行了修订。该系列导则为新西兰污染地块的风险筛选体系提供参照案例，并在地块初步调查报告阶段提供便于在地块内实施风险筛选活动的信息。

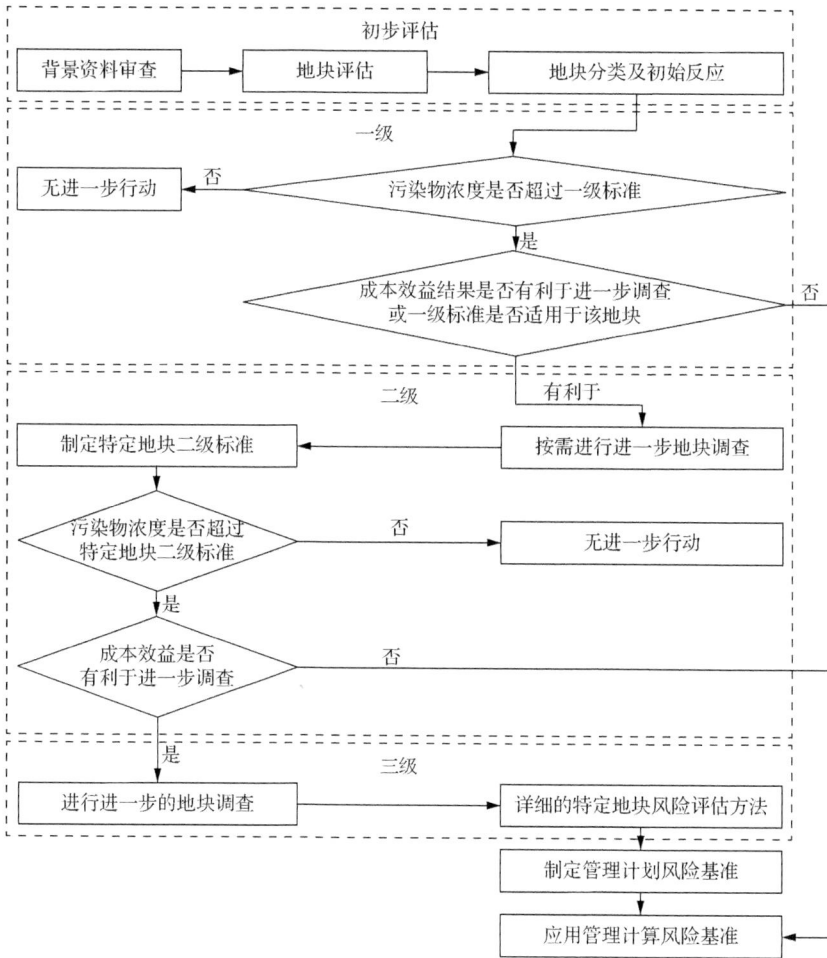

图 3-1　石油烃污染地块评估及管理流程

　　这 5 个导则的发布和实施，有效地保证了新西兰全国范围内污染地块评估和管理的统一性。导则 1 的目的在于对污染地块进行调查、评估、修复，以及在进行后续检测活动时，保证咨询顾问及其他人员所编写的报告包含足够、适当的信息，以便监管机构、地块审核员、民众和其他利益相关方能够进行有效审查，采取恰当的措施。编写污染地块报告包括 5 个阶段，确保当地部门能够获取其需要的信息来应对相关的环境问题，实现了新西兰污染地块调查、评估和修复报告的连续性和统一性，有助于地方政府相关工作人员、地块审核员、民众和其他利益相关方对污染地块所造成的影响进行评估。导则 2 是为保证在新西兰境内管理污染地块使用的环境指导值的一致性而制定的，该导则有助于环境顾问及土地所有者进行污染地块调查，并为委员会成员审查污染地块调查报告提供帮助。导则 3 通过反映出的风险严重程度（如毒性和污染源的数量、暴露途径受障碍程度、受体的灵敏度和易损性等），为污染地块详细调查之前的分级和优先排序提供一种全国统一的方法。该导则的目的是在不考虑地块位置与评估执行者身份的情况下，按照统一的方法对污染地块进行分级。导则 4 为地方政府进行污染地块的调查监测和土地利用管理提供了一个切实有效的、全国统一的框架，推动地方政府在地块污染确认和分级方面确立最佳实践方法，并为土地所有者及其他利益相关方提供信息。导则 5 是为满足污染地块从业者、监管机构①相关工作人员及土地所有者、潜在所有者或地块业主的需求而制定的。该导则提供了地块调查原则、土壤采样、实验室分析等信息，促使全国形成一个统一的调查方法及污染地块评估方法。

《新西兰煤气厂地块评估和管理导则》（Guidelines for Assessing and Managing Contaminated Gasworks Sites in New Zealand）于 1997 年发布。该导则作为非法定文件，旨在提供有关煤气厂地块评估和管理的指导，其目标受众为咨询顾问、开发商、监管机构相关工作人员和土地所有者。该导则分为两部分：一部分是用户指南，概述了煤气厂的一般污染物、与这些污染物相关的潜在废物及其污染模式；另一部分为相关技术信息，包括地块的风险评估、风险管理、沟通和咨询、健康风险评估和生态风险评估。该导则参考了 1997 年由澳大利亚维多利亚州环境保护局发布的《污染地块生态风险评估框架草案》（Draft National Framework for Ecological Risk Assessment of Contaminated Sites）。

新西兰还针对不同类型的污染地块制定了单项管理文件，如《危险活动及行业列表》（Hazardous Activities and Industries List）、《甲基苯丙胺实验室地块修复导则》（Guidelines for the Remediation of Clandestine Methamphetamine Laboratory Sites）、《识别、调查和管理绵羊浸泡遗留地块风险：地方政府导则》（Identifying, Investigating and Managing Risks Associated with Former Sheep-dip Sites: A Guide for Local Authorities）等。

### 三、污染地块环境保护标准

新西兰关于污染地块的环境保护标准主要是在《资源管理法 1991》框架下制定的，有关其制定和应用的文件主要包括《资源管理条例（基于保护人体健康的土壤污染评估和管理国家环境标准）》、《污染地块管理导则 2：新西兰环境指导值分级与应用》、《污染地块管理导则 3：风险筛选系统》。在通常情况下，指导值一般由环境部或其他部门机构（环境保护委员会、农业资源管理委员会）根据土地未来不同的利用方式来制定。新西兰土壤指导值、污染值、特定暴露场景下的土壤指导值如表 3-1 和表 3-2 所示。在新西兰，这些指导文件常用于污染地块的风险评估，文件中所包含的指导值被称作环境质量指导值、启动值、干涉值、最大可接受值、修复目标值、筛选值或可接受标准值。目前，新西兰环境保护指导值的名称、目的和依据等如表 3-3 所示。

---

① 监管机构是从事和审核污染地块调查的机构。

## 表 3-1　新西兰土壤指导值和污染值汇总表[①]

单位：mg/kg

| 土壤指导值（SGVs） | | | | | |
|---|---|---|---|---|---|
| 分类 | 污染物 | 农村住宅生活区（消耗10%自产农产品[e]）[②] | 住宅（消耗10%自产农产品[e]）[③] | 高密度住宅(无自产农产品消耗)[④] | 娱乐场所[⑤] | 商业/工业[⑥] |
| 无机物 | 砷 | 20 | 24 | 50 | 100 | 70 |
| | 硼 | 34 000 | 34 000 | 75 000 | 220 000 | 400 000 |
| | 镉[a] | 5 | 5 | 370 | 1 100 | 1 600 |
| | 铬（III）[b] | 280 000 | 280 000 | 890 000 | NL[c] | NL |
| | 铬（VI） | 560 | 560 | 1 800 | 5 200 | 6 300 |
| | 铜 | 32 000 | 32 000 | 60 000 | 17 000 | 290 000 |
| | 铅 | 730 | 730 | 1 600 | 4 700 | 7 000 |
| | 汞 | 380 | 380 | 1 200 | 3 500 | 4 200 |
| 有机物[f] | BaP | 85 | 100 | 240 | 440 | 300 |
| | DDT | 90 | 90 | 270 | 750 | 1 000 |
| | 狄氏剂 | 3.1 | 3.1 | 50 | 110 | 160 |
| | PCP | 70 | 70 | 130 | 230 | 360 |
| | TCDD[d] | 0.19 | 0.19 | 0.41 | 1.1 | 1.4 |
| | PCBs[d] | 0.15 | 0.15 | 0.38 | 0.9 | 1.2 |

| 土壤污染值（SCVs） | | | | | |
|---|---|---|---|---|---|
| 分类 | 污染物 | 农村住宅生活区（25%自产农产品消耗） | 住宅（10%自产农产品消耗） | 高密度住宅(无自产农产品消耗) | 娱乐场所 | 商业/工业户外工作者（未铺面） |
| 无机物 | 砷 | 17 | 20 | 45 | 80 | 70 |
| | 硼 | NL | NL | NL | NL | NL |
| | 镉[a] | 0.8 | 3 | 230 | 400 | 1 300 |
| | 铬（III） | NL | NL | NL | NL | NL |
| | 铬（VI） | 290 | 460 | 1 500 | 2 700 | 6 300 |
| | 铜 | NL | NL | NL | NL | NL |
| | 铅 | 160 | 210 | 500 | 880 | 3 300 |

① 土壤指导值（soil guideline values，SGVs）引自 Proposed National Environmental Standard for Assessing and Managing Contaminants in Soil：Discussion Document. Wellington；土壤污染值（soil contaminant values，SCVs）引自 Cabinet paper：A Proposed National Environmental Standard for Assessing and Managing Contaminants in Soil to Protect Human Health.

② 农村住宅生活区（rural lifestyle block）指农村住宅用地，包括自产农产品消费占 25%的用地，适用于农房附近的住宅区，但不适用于农业用地的生产部分，也不适用于监管用途部分。

③ 住宅（residential）指标准住宅用地、带花园的独栋住宅用地，包括自产农产品消费占 10%的用地。

④ 高密度住宅（high-density residential）指人与土壤接触有限的城市住宅，包括小型观赏花园（无自产农产品消费），适用于城市别墅、带小型观赏花园的公寓和底层公寓，但不适用于高层公寓。

⑤ 娱乐场所（recreational）指用于积极运动和娱乐的公共或私人绿地和保护区，旨在覆盖儿童经常玩耍的操场和郊区保护区，也包括中学的运动场。

⑥ 商业/工业（commercial / industrial）指具有不同程度裸露土壤的商业/工业地块［在日常维修或园艺活动期间，当部分地下设施需要维修时，户外工作人员（outdoor worker）暴露在近地表土壤中］，也适用于大部分未铺砌的土地。

| 分类 | 污染物 | 农村住宅生活区（25%自产农产品消耗） | 住宅（10%自产农产品消耗） | 高密度住宅（无自产农产品消耗） | 娱乐场所 | 商业/工业户外工作者（未铺面） |
|---|---|---|---|---|---|---|
| 有机物 | 汞 | 200 | 310 | 1 000 | 1 800 | 4 200 |
| | BaP | 6 | 10 | 24 | 40 | 35 |
| | DDT | 45 | 70 | 240 | 400 | 1 000 |
| | 狄氏剂 | 1.1 | 2.6 | 45 | 70 | 160 |
| | PCP | 55 | 55 | 110 | 150 | 360 |
| | TCDD[d] | 0.12 | 0.15 | 0.35 | 0.60 | 1.4 |
| | PCBs[d] | 0.09 | 0.12 | 0.33 | 0.52 | 1.2 |

a pH = 5 时的值，该值为食品添加剂联合专家委员会给出的日耐受摄入量 2 μg/kg bw/d。

b 铬（III）的 SGVs 值，代表的浓度远远超过影响植物健康的浓度。

c NL：无限制。

d 单位为 μg/kg TEQ（当量）。

e 假设居民消费的农产品有 10% 来自就地种植（自产），但不包括从饲养的动物中所得农产品（如鸡蛋、牛奶、肉）。

f BaP 指苯并[α]芘；DDT 指双对氯苯基三氯乙烷，是有机氯类杀虫剂；狄氏剂是一种有机化合物，化学式为 $C_{12}H_8Cl_6O$，有剧毒；PCP 指持久性有机污染物五氯苯酚；TCDD 指四氯二苯并-p-二噁英，是除草剂中的一种剧毒杂质；PCBs 指多氯联苯。

### 表 3-2　新西兰特定暴露场景下的土壤指导值

| 导则名称 | 可接受风险等级[①] | 土地用途 |
|---|---|---|
| 木材加工厂导则 | $10^{-5}$ | 农业（消耗全部的自产农产品） |
| | | 住宅（消耗 10% 和 50% 的自产农产品） |
| | | 工业（铺砌地面和未铺砌地面） |
| | | 维修 |
| 煤气厂导则 | $10^{-5}$ | 农业/园艺（消耗全部的自产农产品） |
| | | 住宅（消耗 10% 和 50% 的自产农产品） |
| | | 高密度住宅（无自产农产品消耗） |
| | | 商业/工业 |
| | | 维修 |
| | | 绿地/娱乐场 |
| 石油工业导则 | $10^{-5}$ | 农业（消耗全部的自产农产品） |
| | | 住宅（消耗 10% 和 50% 的自产农产品） |
| | | 商业/工业 |
| | | 维修 |
| 浸泡绵羊导则 | $10^{-5}$ | 生活区（消耗 50% 的自产农产品） |
| | | 住宅（消耗 10% 的自产农产品） |
| | | 高密度住宅（无自产农产品消耗） |
| | | 绿地/娱乐场 |
| | | 商业/工业（未铺路面） |

① 可接受风险等级是针对非阈值污染物（遗传毒性致癌物）而言的，个体癌症风险表示在暴露于相关污染物的人群中允许/可接受的癌症患者数量。可接受风险等级为 $10^{-4}$ 表示在暴露于相关污染物的人群中，每 10 000 人中允许增加 1 名癌症患者；$10^{-5}$ 表示在暴露于相关污染物的人群中，每 100 000 人中允许增加 1 名癌症患者。

表 3-3 新西兰环境保护指导值的名称、目的和依据等

| 类别 | 名称 | 目的 | 依据 | 指导值数量 | 来源 |
|---|---|---|---|---|---|
| 木材加工 | 验收标准 | 地块调查 | HH/P | 7 | 环境部与卫生部（1997） |
| 煤气厂 | 验收标准 | 地块调查 | HH | 19 | 环境部（1997） |
| 石油工业 | 验收标准 | 地块调查 | HH | 10 | 环境部（1997） |
| 绵羊浸泡 | 土壤指导值 | 地块调查 | HH | 19 | 环境部（1997） |
| 饮用水标准 | 最大容许值 | 地块调查 | HH | 130 | 卫生部（2008） |

注：HH 表示人体健康；P 表示植物。

依据《资源管理法 1991》中对区域委员会和地区行政机构责任的规定，相关机构应定期与新西兰环境顾问及其他利益相关方就指导值的使用进行讨论，并给出指导建议。建议内容应包括适用于污染地块评估或管理的指导值种类、适用多套指导值的情况及这些指导值在应用时的先后顺序。新西兰环境部于 2011 年颁布了《保护人体健康的土壤污染物标准制定方法》（Methodology for Deriving Standards for Contaminants in Soil to Protect Human Health），用于计算土壤风险筛选值。该方法与《资源管理条例（基于保护人体健康的土壤污染评估和管理国家环境标准）》相一致。《资源管理条例（基于保护人体健康的土壤污染评估和管理国家环境标准）》针对 13 种土壤优先污染物标准，公布了以 5 种土地用途为依据的土壤污染物标准编制过程。土壤污染物标准将替代新西兰现有导则中采用的土壤验收标准，其内容包含以下优先污染物：砷、硼、镉、铬、铜、无机铅、无机汞、BaP、DDT、狄氏剂、PCP、TCDD 和 PCBs。对于不属于优先污染物及不以保护人体健康为目标的污染物类型，不同来源的参考文献明确了其指导值的制定过程，以帮助污染地块从业者在评估过程中进行准备与审核。文献组成如下。

1）新西兰制定的基于风险的指导值。

2）其他国家制定的基于风险的指导值，其中应优先采用与新西兰相一致的风险评估方法与暴露参数制定的指导值。

3）新西兰制定的阈值。

4）其他国家制定的阈值。

针对环境介质或开发使用目的已明确的情况，为选择恰当的指导值，应对含有土壤和水体指导值的文件分别建立相应的文献层次结构。在这些组别内，以保护对象（如人体健康、生态受体）为参考依据，做进一步的细化。然而需要注意的是，在某种情况下，不同管理区制定的指导值所采用的参数和暴露途径也是不同的，因此用户需要参考原始文献来确定所选用指导值的适用性。对于给定文献中存在多个指导值的情况，则需要参考表 3-4 来决定指导值所属的文献分级。

### 表 3-4　土壤指导值的文献分级

| 组别 | 保护依据 | 文献 |
|---|---|---|
| 基于新西兰的风险 | | 《新西兰煤气厂地块评估和管理导则》，仅限氰化物和酚类；<br>《新西兰石油烃污染地块评估和管理导则》；<br>《识别、调查和管理绵羊浸泡遗留地块风险：地方政府导则》，仅限林丹（γ-六氯环己烷） |
| 基于国际上的风险 [a] | 仅限人体健康 [b] | 《土壤与地下水调查等级导则 1999》（Guideline on the Investigation Levels for Soil and Groundwater 1999），NEPC，仅限健康调查等级、住宅用地；<br>《污染地块报告 11：土地污染管理示范程序》（Model Procedures for the Management of Land Contamination, Contaminated Land Report 11），英国布里斯托环境保护局（UK Bristol Environment Agency）；<br>《土壤筛选导则：技术背景文件 1996》（Soil Screening Guidance: Technical Background Document 1996），美国环境保护局（US EPA）；<br>《土壤筛选导则：用户指南 1996》（Soil Screening Guidance: User's guide 1996），US EPA；<br>《超级基金地块土壤筛选值制定补充导则》（Supplemental Guidance for Developing Soil Screening Levels at Superfund Sites 2001），US EPA；<br>《区域筛选值》（Regional Screening Levels），US EPA |
| 基于国际上的阈值 | | 《土壤与地下水的调查等级导则 1999》，NEPC，适用于除住宅外的所有土地用途 |
| 基于国际上的风险 [c] | 人体健康和生态受体 | 《加拿大土壤环境质量导则 2002》（Canadian Environmental Quality Guidelines），加拿大环境部长委员会；<br>荷兰《土壤修复通告 2009》（Soil Remediation Circular），基础设施与环境部（Ministry of Infrastructure and the Environment）[c] |
| 基于国际上的风险 | 仅限生态受体 | 《生态土壤筛选值导则 2003》（Ecological Soil Screening Level Guidance 2003），US EPA |

a 荷兰关于保护人体健康的标准以住宅用地为依据，但多数干预值以保护生态系统为依据来制定，由于干预值低于为保护人体健康而制定的值，所以这些值的适用范围更广。

b 新西兰现行基于行业特征导则的基本前提是，对地块生态系统的保护只需达到满足土地使用的程度。鉴于这些导则并没有像加拿大和荷兰的文献那样考虑对生态系统进行全面的保护，因此这些导则被定义为只限于对人体健康的保护。

c 除新西兰外，英国、加拿大和荷兰基于国际风险的人体健康标准包括自产农产品消耗。

《污染地块管理导则 2：新西兰环境指导值分级与应用》中的土壤各分级指导值参考了美国、加拿大、澳大利亚等国标准的相关参数。该导则规定了 3 种从国际相关文献中选择指导值的方法：一是采用的指导值为最低且最适用的（最保守的）；二是评估者列出所有经过认定的指导值，但只选择其中一个使用，并对其所选的指导值进行解释说明；三是在无任何标准可参考的情况下，根据《保护人体健康的土壤污染物标准制定方法》进行特定地块风险评估。土壤指导值使用步骤决策树如图 3-2 所示。

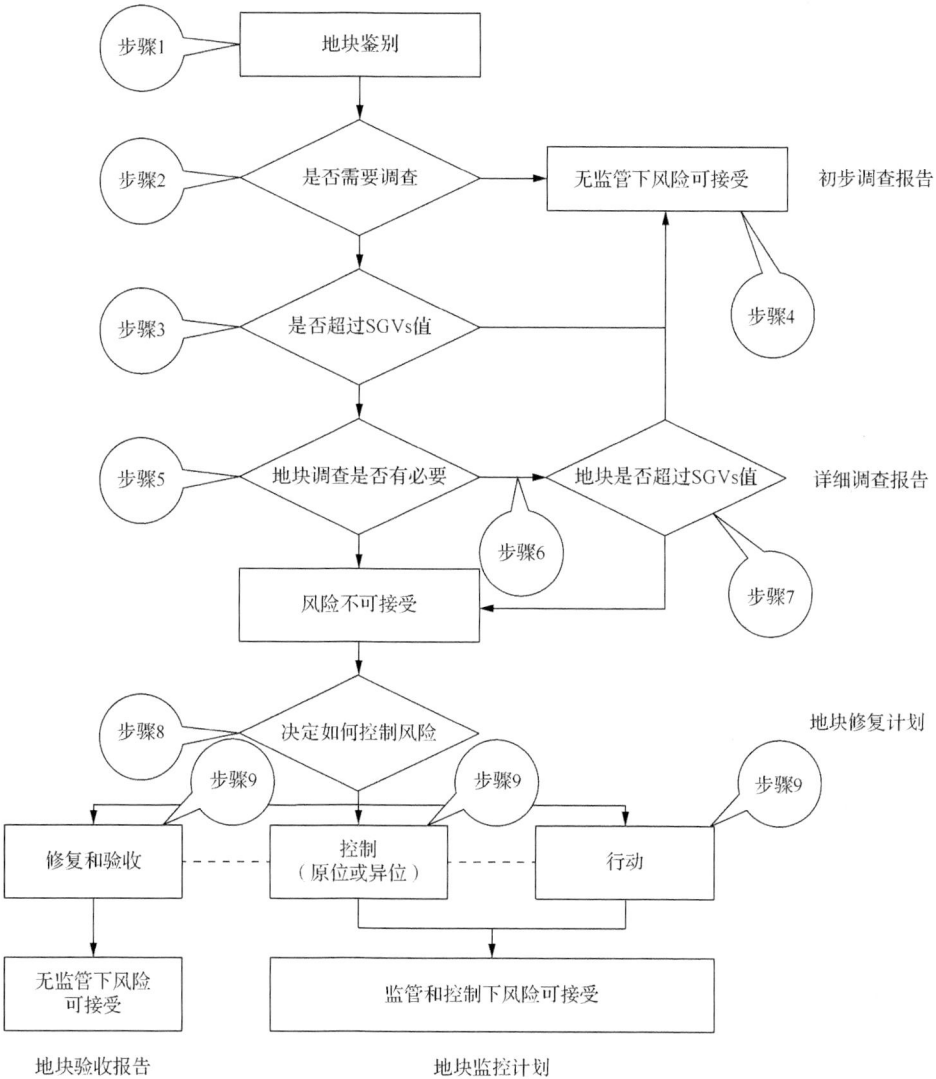

图 3-2 土壤指导值使用步骤决策树

根据《资源管理法 1991》中的规定，区域委员会具有调查土地使用情况的职责，以确定并监测污染地块。地方政府具有防止或者转移由开发、划分或者使用污染地块所产生的任何不良影响的职责。无论是区域委员会还是地方政府，在履行其职责的过程中，都可获得大量的信息。此外，随着民众土地污染问题意识的增强，地方政府收到更多的信息查询申请，尤其是关于财产交易/开发方面的咨询。可能存在的信息质量不高、信息发布不当、错误解释引发法律责任等方面的问题，以及在污染地块详细调查前，在不考虑地块位置和评估执行者身份的情况下，须采用全国统一的方法进行地块分级和优先排序，都促使政府对地块进行统一分级和分类，并对地块信息进行细致管理。

在《污染地块管理导则 3：风险筛选系统》未发布前，新西兰对污染地块的分级和优先排序主要参考加拿大的《全国污染地块分类体系》（National Classification System for Contaminated Sites）和《国家潜在污染场地快速危害评估体系》（National Rapid Hazard Assessment System for Potentially Contaminated Sites），但新西兰的评估系统不便于快速筛选，因此新西兰在其基础上发布了《污染地块管理导则 3：风险筛选系统》（适用于危害评估要求不严格的情况，若要求较严苛，则仍采用加拿大的评估系统）。新西兰的地块风险筛选系统作为一个筛选工具，可对任何地块所表现出的风险进行评估与分级，其模板如图 3-3 所示。

风险筛选系统运行的基本依据是由污染源、暴露途径和受体组成的一个风险计算过程。如果这 3 个组成部分同时存在，则意味着会存在某种程度的风险；如果计算过程中缺少任何一个分量，则意味着没有风险或存在较小的风险。系统模板显示了 3 种暴露途径（地表水暴露途径、地下水暴露途径、直接接触暴露途径），其评估分别独立进行。评估地块的整体等级是以最不利的暴露途径为依据的，如果在地块评估中地下水和地表水暴露途径具有高风险，直接接触暴露途径具有中等风险，则途径风险结果为高—高—中，地块整体风险为高，然后依据某途径计算出整体得分，对该途径按以下风险等级进行分级：0.4～1.0 为高风险，0.02～0.4 为中风险，0～0.02 为低风险。依据各参数确定该风险计算过程中的污染源与暴露途径，这些参数在决定危害程度或暴露途径的完整度方面是非常重要的。该系统的工作原理是通过设定这些参数相应的数值来反映风险的严重程度，如毒性和污染源的量、暴露途径受影响的程度及受体的灵敏度和易损性。在应用风险筛选系统时，用户需要在评估期间对每个地块开展大量的分析工作。

风险筛选系统可在标准模式和特殊模式两种模式下运行，标准模式为常用模式，通过评出高级、中级、低级风险，对《危险活动和行业列表》（Hazardous Activities and Industries List）中定义的相似地块/不同地块进行比较。标准模式不适用于对相似类型/风险的地块进行细化区分。许多地块表面上看起来不同，但事实上属于同一风险类型，因此这些地块被视为具有相同的风险。在对其细分时，应根据其他因素开展工作，如根据政策需求对某类型地块进行等级划分。对于属于《危险活动和行业列表》定义的不同类型地块，或地块虽然属于该列表定义下的同一类型，但表现出不同程度的危害情况，标准模式是对这类地块进行比较、等级划分的唯一方法。风险筛选系统可作为风险分类的全国统一地块风险级别划分工具。

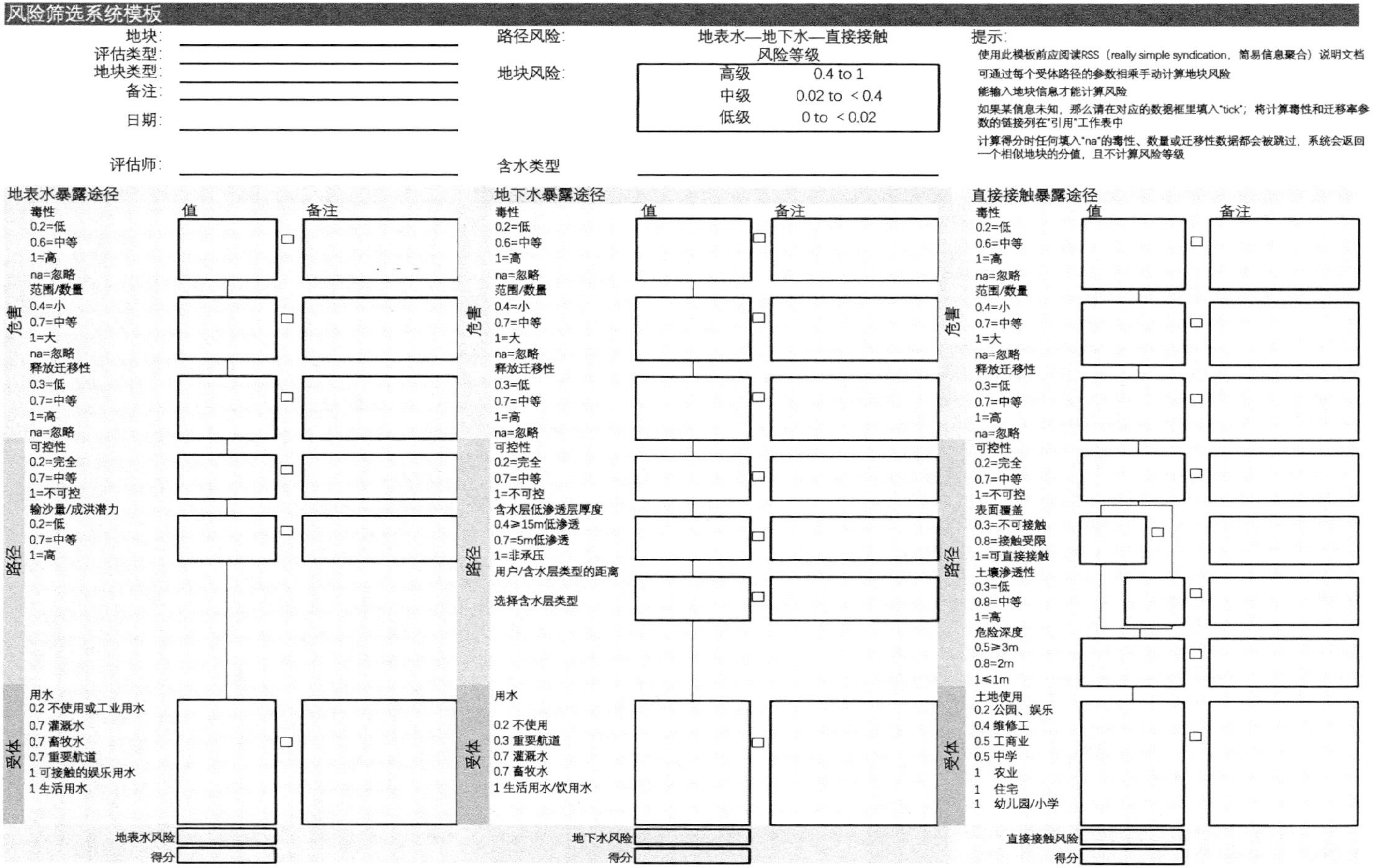

风险筛选系统模板
地块:
评估类型:
地块类型:
备注:
日期:
评估师:
路径风险:
地块风险:
含水类型
地表水—地下水—直接接触
风险等级
高级 0.4 to 1
中级 0.02 to ＜0.4
低级 0 to ＜0.02
提示:
使用此模板前应阅读RSS（really simple syndication，简易信息聚合）说明文档
可通过每个受体路径的参数相乘手动计算地块风险
能输入地块信息才能计算风险
如果某信息未知，那么请在对应的数据框里填入"tick"；将计算毒性和迁移率参数的链接列在"引用"工作表中
计算得分时任何填入"na"的毒性、数量或迁移性数据都会被跳过，系统会返回一个相似地块的分值，且不计算风险等级
地表水暴露途径
值
备注
危害
毒性
0.2=低
0.6=中等
1=高
na=忽略
范围/数量
0.4=小
0.7=中等
1=大
na=忽略
释放迁移性
0.3=低
0.7=中等
1=高
na=忽略
路径
可控性
0.2=完全
0.7=中等
1=不可控
输沙量/成洪潜力
0.2=低
0.7=中等
1=高
受体
用水
0.2 不使用或工业用水
0.7 灌溉水
0.7 畜牧水
0.7 重要航道
1 可接触的娱乐用水
1 生活用水
地表水风险
得分
地下水暴露途径
值
备注
危害
毒性
0.2=低
0.6=中等
1=高
na=忽略
范围/数量
0.4=小
0.7=中等
1=大
na=忽略
释放迁移性
0.3=低
0.7=中等
1=高
na=忽略
路径
可控性
0.2=完全
0.7=中等
1=不可控
含水层低渗透层厚度
0.4≥15m低渗透
0.7=5m低渗透
1=非承压
用户/含水层类型的距离
选择含水层类型
受体
用水
0.2 不使用
0.3 重要航道
0.7 灌溉水
0.7 畜牧水
1 生活用水/饮用水
地下水风险
得分
直接接触暴露途径
值
备注
危害
毒性
0.2=低
0.6=中等
1=高
na=忽略
范围/数量
0.4=小
0.7=中等
1=大
na=忽略
释放迁移性
0.3=低
0.7=中等
1=高
na=忽略
路径
可控性
0.2=完全
0.7=中等
1=不可控
表面覆盖
0.3=不可接触
0.8=接触受限
1=可直接接触
土壤渗透性
0.3=低
0.8=中等
1=高
危险深度
0.5≥3m
0.8=2m
1≤1m
受体
土地使用
0.2 公园、娱乐
0.4 维修工
0.5 工商业
0.5 中学
1 农业
1 住宅
1 幼儿园/小学
直接接触风险
得分


图 3-3 新西兰地块风险筛选系统模板

如需对危害性质相似的地块（如地块大小和污染物相似）进行等级划分，则可采用特殊模式。此模式涉及的地块一般属于《危险活动和行业列表》中定义的同一类型，或者虽然类型不同，但地块所含污染物为同一类型且含量相差不大，因此在等级划分时不能采用完整的计算方法，而是忽略毒性、数量和迁移性等危害参数，以便对由具体因素（包括污染物与受体接触/传递至受体的可能性）引起的变化进行测定。在特殊模式下对相似地块进行比较时，得出的结果为数字分值而非高级、中级、低级风险，该数字分值可用于对相似类型的地块进行定性比较以划分等级。

《污染地块管理导则 3：风险筛选系统》的发布推动新西兰建立切实有效、全国统一的框架，统一污染地块分级，为地方政府对地块进行登记提供决策依据。地方政府利用这些登记信息，依据地块可能对人体造成的风险或对环境可能产生的危害对地块进行分类和优先级排序，以便进一步调查研究和采取措施，同时也可向利益相关方提供地块信息，并提示地块可能存在的风险，促进地块调查工作的启动。在运用风险筛选系统得出的等级结果对地块进行统一的分类登记方面，新西兰政府先依据《污染地块管理导则 4：分类和信息管理协议》来建立污染地块登记数据库，地方政府再依据全国统一的数据库信息对地块进行分类和优先排序。新西兰对污染地块的信息管理及其分类包括 3 个方面[1]，具体如下。

1. 土地污染方面信息的管理

地方政府所使用的污染地块管理信息系统包括 3 个组成部分：①物理数据库、电子数据库或所登记的信息；②对一个地块分类并登记的技术程序（地块分类）；③信息的行政管理程序（信息管理协议）。信息管理协议已被进一步细分为数据传送、发布建议及规定数据管理和安全最佳实践的程序。

登记[2]是物理电子数据库的一部分。电子数据库能够存储地块的分类信息。区域委员会将承担主要的登记职责，且有责任对新的土地信息进行审查、描述和分类。区域委员会和地方政府均有权访问地块污染信息。除污染信息外的其他地块信息（即使与污染地块有关，此类信息也不作为登记的必需部分）则被保存在财产文件和登记簿以外的电子文档中。对已登记地块信息的管理，应遵循以下原则。

1）透明度——对地块信息的采集、存储和管理程序及目的进行清晰记录。

2）一致性——所用程序适用于所有情形。

3）公正性——土地所有者有机会审查将要登记或已登记的信息，同时可以对其进行投诉/纠正。

4）质量——及时地对信息进行验证确认。

① New Zealand Ministry for the Environment, 2011. Contaminated Land Management Guidelines No.4: Classification and Information Management Protocols.
② 地块登记信息包括：地块详情，如位置、法定描述、所有权、历史使用情况、有害物质等；地块状态，如注释信息、分类原因、报告参考文献、有害物质及其浓度、暴露途径和受体、评估过程使用的指导值、场地是否处于调查研究中。

5）安全性——只有被授权的地方政府官员才有权对信息进行查看、更改或发布。

6）可说明性——保留一些操作的审核跟踪信息，包括对记录内容进行增加和变更，与其他地方政府共享信息，以及对发送给其他利益相关方的信息进行增加或变更。

2. 地块分类

地块分类①的目的是为地方政府提供管理污染地块信息的最佳方式，同时为利益相关方提供地块信息。地块分类的主要目标和内容包括 3 个方面：①提供有关地块对人体或更广泛的环境产生或可能产生不良影响或风险的信息，特别是该地块是否已经受到污染方面的信息，同时为利益相关方提供特定地块可能的风险信息；②对相似的地块通过相似的方法进行鉴定，以保证对地块进行优先排序的一致性和公正性，以便后续进一步调查研究、修复或采取其他措施；③对已采取措施的地块进行效果跟踪，或对地块状态的变更情况进行跟踪，以评估其不确定性。

地块分类的过程取决于所持有信息的类型和性质，但无论是何种类型，验证地块信息和通知土地所有者都是分类过程的两个基本步骤。验证过程需要确保有足够的信息量且信息可靠。地块信息的类型不同、验证方法也不同。例如，如果有关于危害活动和行业清单的信息，则地方政府应核查历史信息来源；如果要验证某地块的调查报告，则需要确认报告所包含的数据是否在指导值范围内，同时验证获取信息的质量和完整性。严格的验证过程可确保录入的登记信息的准确性。在将地块信息录入登记，或者改变地块类别时，通知土地所有者是关键步骤，这样可为土地所有者查看/增加地块信息、纠正错误提供机会。地块分类过程如图 3-4 所示。

3. 地块信息发布和传送

对于已登记地块信息，地方政府可自愿向公众发布，也可应民众申请再提供。地方政府可选择通过区域规划、土地信息备忘录、工程信息备忘录或者其他方式来公布信息。民众也可咨询与不动产交易/开发相关的土地的污染信息。地块调查通常是在不动产交易/开发前完成，因此要保证及时更新登记信息。

不同区域委员会、地方政府或者其他政府机构之间的信息可以互相交换。鉴于信息传送错误可能引发的责任问题，以及原始所有者第一次传送信息后因失去后续控制而引发的责任问题，应建立传送协议，从主登记方（区域委员会）传送到地方政府或其他监管机构的信息应包含一般免责声明/特定免责声明。信息传递情形包括以下 3 个方面：①从区域委员会传送到地方政府，以更新地方政府的信息（如定期、一次性传送或对申请进行回复）；②从地方政府传送到区域委员会，以更新主登记信息（如土地使用、有害物质存储或者与地块划分有关的信息）；③传送给其他政府机构或从其他政府机构传送过来。

---

① 地块分类系统的组成包括：地块类别和描述（包括一系列的行业活动，这些活动很可能已经使用、存储或者处置了有害物质）；一个地块从一种分类转换为另一种分类的过程，以及处理特定情形时的过程；土地使用情况；土地污染情况。

```
                    ┌─────────────────────┐
                    │   接收有关地块的信息    │
                    └──────────┬──────────┘
                               │
            ┌──────────────────┴──────────────┐                 否
       是   │      该地块是否已登记              ├──────────────────────┐
     ┌──────┤                                  │                      │
     │      └─────────────────────────────────┘                      │
     │                         ▲                                      ▼
     │      ┌──────────────────┴────┐        ┌──────────────────────────────┐
     └─────►│  标注该地块为"调查中"   │◄───────┤   "地块使用信息" 类型           │
            └──────────┬────────────┘        └──────────────────────────────┘
                       │
      ┌────────────────┴─────────────────────┐
      │ 是否有关于有害物质和可能对              │
      │ 环境/人体产生的不利影响的               │
      │ 信息                                  │
      └────┬─────────────────────────────────┴────┐
     是    │                                       │  否
           ▼                                       ▼
```

| 评估、核实信息、准备类型<br>划分建议报告 | | 是否有历史/当前地块<br>使用相关资料 |

（否）

| 向地块所有者确认是否有<br>新信息 | 地块将保持在当前类型中，<br>直到有更多信息可用 | |

（是）

| 在报告中纳入新信息并<br>提交给政府相关负责人 | | 向地块所有者确认是否有<br>新信息 |

| 指定类型：地块使用信息/<br>污染地块 | 无法确认土地使用历史/<br>地方政府相关负责人赞同<br>地块所有者提出的异议 | 在报告中纳入新信息并<br>提交给政府相关负责人 |

| 向地块所有者确认是否<br>仍有异议 |   是   | 地方政府相关负责人做出<br>决定 |

（否）

| 地块所有者要求给相关<br>负责人提供新的类型/信息 | "土地使用信息" 类型 |

| 确认类型 | 地方政府相关负责人、<br>经理/委员会做出决定 |

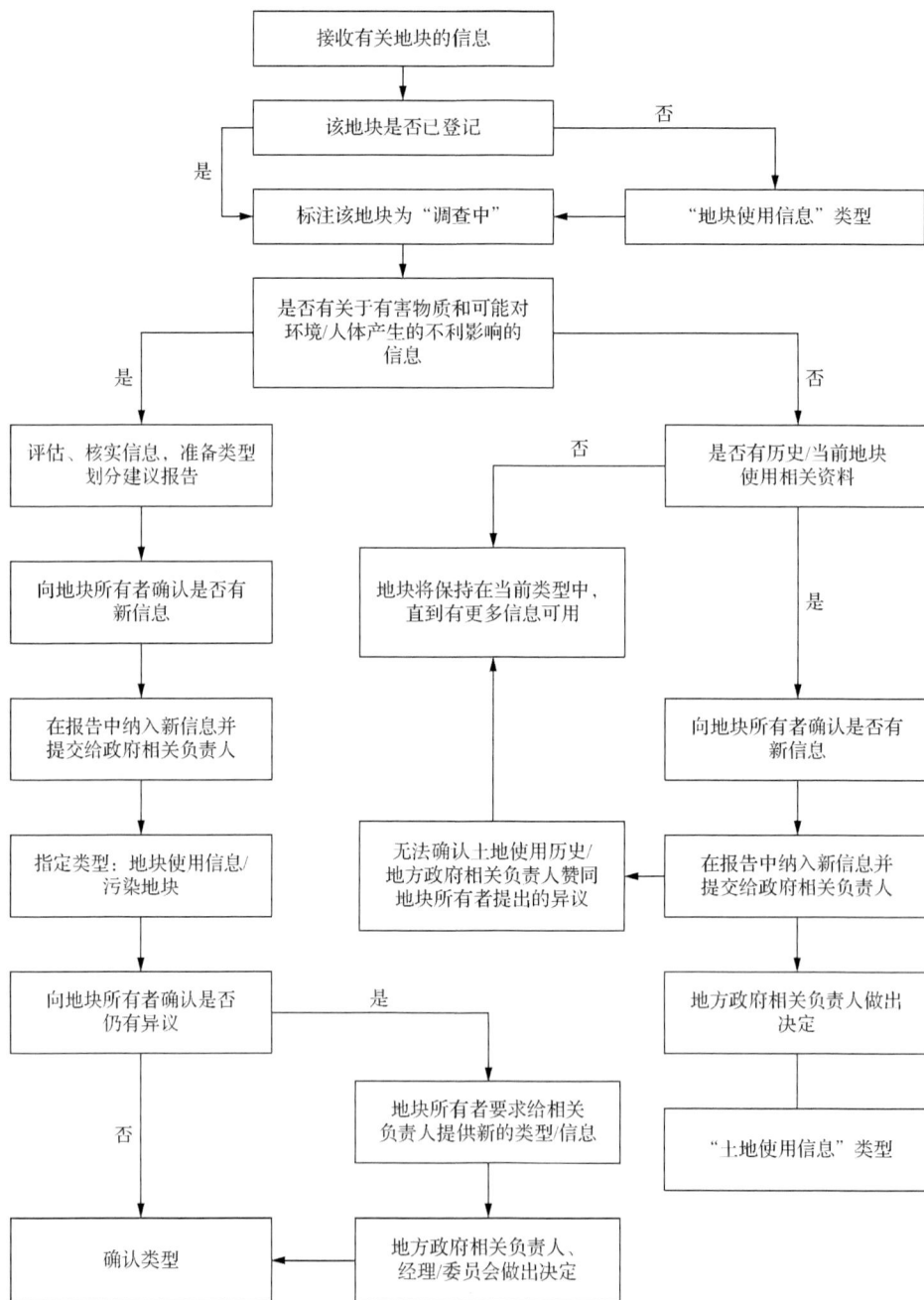

图 3-4　地块分类过程[①]

① New Zealand Ministry for the Enviroment, 2006. Contaminated Land Management Guidelines No.4: Classification and Information Management Protocols.

# 第三节　污染地块修复程序

关于污染地块的修复程序，新西兰已经颁布了相关的技术标准和导则。根据《资源管理法 1991》中对污染地块的定义，污染地块是指含有有害物质，并对人体健康及环境有严重影响或产生不利影响的土地。新西兰将污染地块的修复程序分为 4 个步骤：地块调查、地块风险评估、污染地块修复、持续管理[①]。

## 一、地块调查[②]

地块调查中的"地块"是指处于调查之中的一片区域性土地，其管理分为地块初步调查、地块详细调查、地块修复实施、地块验收及后续监测和管理等几个阶段。如果怀疑土地被污染，则应联系地方政府寻求建议，然后由地方政府推荐有经验的土地或环境顾问对土地进行调查。如何发现被污染的土地？应当聘请有经验的环境顾问来确定土地是否需要进行调查、管理和清理。但在这之前，当事人需要做的事情包括：检查体征（如气味、污渍、储罐或结构等），检查当前及历史的土地使用情况，从地方政府获得土地信息和项目信息备忘录，检查与地块相关的所有权文件及其注册信息，通过对之前所有者、工人和邻居的访谈获取地块的历史情况。同时，将地块的历史情况作为前期评估的基础，结合所有与该地块相关的信息，可间接反映该地块发生污染的可能性。如果该地块完整的使用历史清晰地显示出该地块上的活动不足以引起污染，那么可能不需要进一步调查或取样。然而，如果存在/可能发生过产生污染的活动，或者该地块的使用历史不够完整，则需要执行前期采样和分析流程，应当在地块初步调查报告中列出其结果，并将其作为进行详细地块调查评估的基础组成部分。地块初步调查报告应包括以下部分。

1）标识已知的当地信息，并提供地块附近土壤和地下水质量的基础数据。

2）按时间顺序列出在该地块进行过的所有活动。活动所涉及的内容包括储存、生产、使用、处理、处置可能对地块造成污染的物质，并标识可能会污染地块的物质类型及污染可能发生的位置。

---

① 初步调查在《污染地块管理导则 1：新西兰污染地块报告》和《污染地块管理导则 3：风险筛选系统》中分别表述为前期调查和污染地块筛选；持续管理引自澳大利亚新南威尔士州《污染地块管理法 1997》第三节的"管理行动的持续管理"。

② New Zealand Ministry for the Environment, 2011. Contaminated Land Management Guidelines No.5: Site Investigation and Analysis of Soils.

3）描述地块当前的条件、历史评估内容和结果，引用有关部门对地块描述的详细记录，包括风险筛选系统及其他评估的数据和结果，总结地块被污染的可能性。

4）根据可用的定性和定量信息，初步评估地块的污染程度，并评定地块是否需要进行进一步的调查，特别是关于当前土地用途的潜在环境影响。

如需对地块进行进一步调查，则在具体工作开展前应建立概念模型。概念模型是在各调查阶段对所有可用数据进行评估的基础，可有效识别污染源和暴露途径，明确污染物可能对受体造成的影响，以便查明地块不同区域的污染特征（如污染发生在土壤表面还是下面，污染分布为整体区域还是局部区域）。根据初步调查结果和概念模型对地块开展详细调查，调查内容包括：初步调查中发现的问题，所采集样品的物理化学性质，地块所在区域所有相关环境介质中污染物的成分、污染程度和含量，污染物对民众健康、环境和生态结构造成的潜在影响。在通常情况下，污染地块调查仅限于土壤中的重金属、挥发性和半挥发性有机化合物。因此，地块污染调查的一般步骤为：设定调查目标→根据现有资料对地块进行初步研究和踏勘→建立概念模型和数据质量目标→确定地块详细调查和采样策略→收集和分析土壤样品→分析数据→修正概念模型→形成报告。

初步调查所产生的费用，由被新西兰环境部怀疑的污染责任人/土地所有者/名义所有者/所进行的活动引起污染者/政府部门来承担。若拒绝承担，则将对其处以罚金。

地块调查过程中的采样和分析计划包括：调查目的，采样目标，地块信息（如地块的位置、历史和识别污染物的概念模型），采样模式、策略和方法，采样位置、深度、类型和数量，采样顺序（先在污染最小的区域采样，以最大限度减少交叉污染概率），质量保证/质量控制要求，样品处理、保存、运输和保留时间要求等。其中，对于采样模式的选择须根据土壤采集时的数量和质量目标来确定。一般有3种常用的采样模式（图3-5）：①判断式采样，即基于前期所掌握的地块知识进行样品采集；②系统式采样，即基于统计的采样策略，在整个地块区域内以网格模式等间距选择采样点，其中随机选择第一个采样点以减少偏差；③分层式采样，即将研究区域分为非重叠的子区域，并在每个子区域中进行采样。对样品的分析结果应与新西兰相应的标准/导则进行比较[1]，也可采用通用土壤指导值（如由环境部公布的一些基于行业特征的导则中的土壤指导值），前提是这些导则中假设的场景适用于正在进行调查的地块和周边条件。

---

[1] NESCS, 2011. Resource Management (National Environmental Standard for Assessing and Managing Contaminants in Soil to Protect Human Health) Regulation; Ministry for the Envionment, 2011. Methodology for deriving standards for contaminants in soil to protect human health.

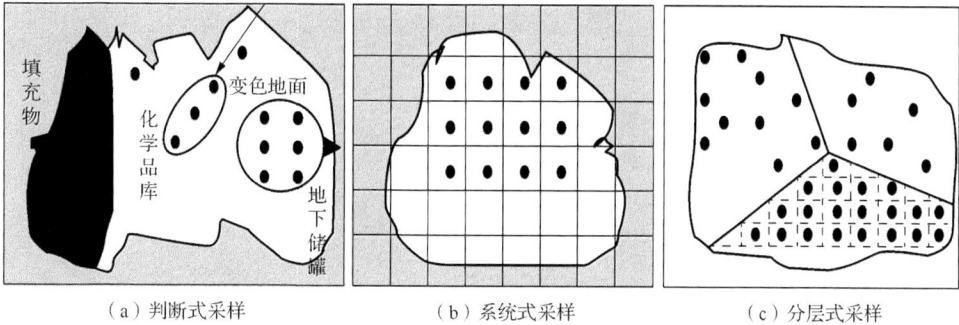

（a）判断式采样　　　　　　（b）系统式采样　　　　　　（c）分层式采样

图 3-5　常用的采样模式

## 二、地块风险评估

地块风险评估是在特定条件下，评估地块所含化学物质对环境/生态/人体健康的潜在影响。新西兰制定了详尽的污染地块风险评估体系，对地块性质、采样和分析等进行了规范。风险评估方法涉及复杂的地块性质、污染物性质和迁移因子，虽然所有的污染地块管理框架都包括风险评估，但风险评估的评估项和参数是分开制定的。一般而言，风险评估包括 4 个步骤[①]：①危险识别——通过采样和分析确定地块中污染物的性质和范围，评估污染物对环境/生态/人体的潜在危害；②暴露评估——包括识别受体、完整的暴露途径及估算受体可能的暴露浓度；③毒性评估——评估与有害化学品接触的不良影响及影响程度；④风险特征——结合暴露评估和毒性评估的结果，评价风险对人体健康和环境的影响，为风险管理提供依据。地块风险评估流程如图 3-6 所示。

在地块风险评估过程中，可以辅助应用一些计算机软件工具（如在地块调查报告中借助计算机工具实现数据应用、场景设定和算法确定），所提供的信息应尽可能详尽，以便审核员能够重复进行风险评估。如果地块详细调查结果显示污染可能对人体健康/环境构成不可接受的风险（在地块内外、土地当前/未来利用过程中的风险），则须对该地块制定并实施修复措施。

---

① Ministry for the Environment, 1997. Guidelines for Assessing and Managing Contaminated Gasworks Sites in New Zealand, Part One: Users' Guide.

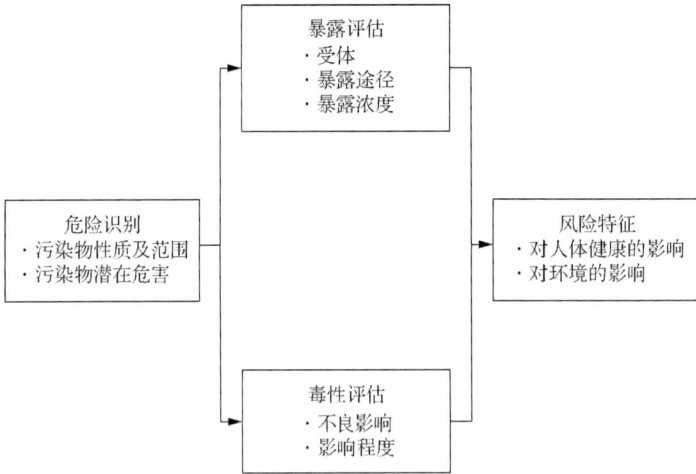

图 3-6　地块风险评估流程

### 三、污染地块修复

地块的修复目的是降低地块的环境和健康风险，并为将来的使用创造条件。修复既可以是简单的清理，也可以是复杂而持久的工程。一个高效的地块修复方案应包括详细的地块风险评估以确定修复目标值，并审慎确定修复计划。污染地块的土地所有者/名义所有者首先应明确进行修复的原因和必要性，明确修复是出于法规要求还是私人期望。一些修复工作可能是出于监管部门的需要，另一些修复工作则可能是出于环境责任。如果是前者，则修复目标应满足相关风险阈值的要求；如果是后者，则修复目标可由当事人决定，也可根据与土地资产有关的群体意见确定。了解修复原因有助于更高效地达成修复目标。

对污染地块进行评估可获得足够的信息来帮助后续阶段选择合适的修复措施，在开展修复工作前应制订修复方案，如需要采用什么方法，要完全去除还是部分去除污染物；该方法的适用性、有效性和费用是否理想，哪个因素最重要（单一项目花费不应该成为决定修复方案的主要因素，应当将环境效应、社会政策和技术因素一并纳入考虑范围）；设置健康和安全计划；需要多少监管员；是否需要向附近的居民公开信息；承包商业绩及其处置措施。

做出一个完美的决策取决于评估报告的数据，经验和资源的投入也同样重要。随着时间的推移，会出现很多修复方案和技术，但完全合适的方法并不多。在某些情况下，个人健康和安全计划对于一些污染地块可能并不需要。例如，储油罐的石油泄漏污染了一部分表土，但未渗入地下水，在这种情况下，承包商按照规范的操作将其移除即可。然而，如果其中有未知的溶剂，或因大面积泄漏而污染了地下水，附近有易燃液体，就需要考虑存在的健康和安全风险。通过风险评估确定需要进行修复/管理的污染地块，制订的地块修复实施方案应包括以下内容：①设定的修复/管理目标可确保地块能满足当前或预期的土地利用需求，且修复后的地块不应对人体健康/环境存在不可接受的风险。对于特定地块的修复目标，需要用恰当的风险评估方法进行确定。咨询公司必须咨询地方政府以确定合适的程序。②建立环境保障体系，以环境友好型方式完成修复。③对将要实施的修复工作制订系统、明确的计划，确保有序开展工作，如确定日期、数量、取样、挖掘及处理处置地点等。修复实施方案中应包括对当地背景情况的核实，在修复过程中或完成之后做出的任何管理/调整决定及相关数据会在后续阶段的报告制作中用到。

当修复结束后，需要进行地块验收。在一般情况下，应根据危险识别、暴露评估、毒性评估、风险特征及土地未来用途确定健康土壤的验收标准。其中，土地用途是关键因素，可根据农村住宅生活区、住宅、高密度住宅、商业/工业、娱乐场所这 5 种类型来确定土地用途。根据不同的用地类型，评估地块修复实施方案中确定的目标是否都已实现，并对修复实施方案的执行情况进行详细说明。对于修复实施方案执行情况的评估，须综合考虑已设定管理目标与修复目标的达标情况及修复实施的具体方法。在最终形成的地块验收报告中应结合初始污染程度和修复目标，对所实施的修复类型、修复程度、当前/预期土地用途做出相应的调整，但必须依据修复实施方案中的清理标准，在修复后通过检测进行效果评估。如果没有达到修复目标，则应阐明原因，并列出可能实现此目标的修复方法。

对于不能/不适合进行全面清理、已选择将管控下的自然衰减作为首选修复方案的污染地块，以及已选择将污染物进行原位处理的污染地块，都须进行后续检测和管理。在地块验收报告中要详细说明修复实施方案的执行情况，以及所提方案与验收结果之间的差异。在可能的情况下，地块验收报告还应满足地方政府关于相关许可发放的要求。另外，根据修复方案及地方政府的要求，必须在报告中对已在地块外完成处置或即将处置的污染材料（如异位修复）进行描述。

在地块验收过程中必须以统计的方式确认地块满足修复实施方案中所规定的清理标准。需要说明的是，新西兰只在某些特定类型污染地块导则中有关于调查、采样、评估、修复、验收、监理等细则的描述，如《新西兰石油烃污染地块评估和管理导则》《新西兰煤气厂地块评估和管理导则》《甲基苯丙胺实验室地块修复导则》《识别、调查和管理绵羊浸泡遗留地块风险：地方政府导则》，并没有制定针对污染地块且具有普适性的调查、采样、评估、修复、验收和监理等导则文件，而是要求当事人参考其他国家、地区的相关文件。例如，关于采样的细则，"污染地块管理导则 1~5"中建议参考澳大利亚新南威尔士州《采样设计指南》或美国的相关方法和指南；关于验收和监理细则，则要求参考澳大利亚或美国的验收标准。

## 四、持续管理

地块污染修复不是一次性的工作，如果完成了一次性修复，那么地方政府可给予当事人相应的证明以利于其交易，但会在证明材料中注明：基于当时污染地块的状况和当时的规范，政府将保留在有污染再被发现时追责当事人责任的权利（即当事人仍然需要在将来承担修复地块的责任），并以限制性条款①的形式，要求土地占有者/所有者向地方环保局及时报告土地用途和土地占有权/所有权的变更情况。地方环保局可通过该条款要求土地不得用于特定用途/使用方式。土地所有者如果因违反命令而引发严重污染，则将负污染责任。

# 第四节　污染地块修复融资机制

新西兰对于环境责任的认定基本遵循"污染者付费"原则。与美国的超级基金法类似，新西兰有污染地块修复基金（Contaminated Sites Remediation Fund, CSRF），在支持污染地块修复方面，污染地块修复基金扮演着极为重要的角色，尤其是对于那些很难确定污染责任的地块。污染地块修复基金的主要来源如表 3-5 所示。

**表 3-5　污染地块修复基金的主要来源**

| 环境保护主管部门拨款 | | | |
|---|---|---|---|
| 基金 | 基本情况 | 申请条件 | 资助条件 ᵃ |
| 污染地块修复基金 | 每年向区域委员会和单一辖区提供263万新西兰元的资金，用于修复对人体健康和环境构成风险的污染地块。该基金用于支持区域委员会、单一辖区和地区行政机构根据《资源管理法1991》履行其对污染地块的管理义务ᵇ | ① 土地所有者通过区域委员会、单一辖区和地区行政机构向环境部提交申请。如果环境部认为其是调查或修复的优先事项，则该地块有资格获得 CSRF 资助；② 环境部使用优先排序工具评估所有项目对人体健康和环境造成的风险，选出前 10 个确定造成严重风险的污染地块，将其列入 CSRF 优先级列表 | ① 申请表已由区域委员会或单一机构提交给环境部。② 可能导致地块污染活动在以下某个时间点发生：在 1991 年颁布《资源管理法 1991》之前和之后。只有在区域委员会、单一机构或地区政府无法对污染进行调查和修复的情况下才能申请，并且导致污染的活动已经停止。③ 资助申请针对以下一个或多个修复阶段：第二阶段的地块调查、第三阶段的修复计划和第四阶段的地块修复。④ 仅在进行地块调查和地块修复所要求的年份中提供资金。⑤ 资金不得用于追溯费用（即环境部收到申请表之前进行工作的费用）或用于资助契约范围之外的工作。⑥ 土地所有者、区域委员会或单一机构等的贡献应反映他们的支付能力及其对地块和污染的责任 |

―――――――――

① 限制性条款（restrictive covenants）指土地所有者在转让土地时为控制受让人土地利用方式而设定的条件或限制，若违反这一条件或限制，转让土地者有权收回土地。

续表

| 基金 | 基本情况 | 申请条件 | 资助条件 [a] |
|---|---|---|---|
| 淡水改善基金 | 政府已向淡水改善基金投入 1 亿新西兰元，用于改善新西兰淡水水体（包括地下水、湖泊、河流、溪流和湿地）的管理。该基金用于支持资金在 40 万新西兰元及以上的项目 | ① 项目必须有助于改善新西兰淡水水体的管理；② 最低申请金额是 20 万新西兰元（不包括服务税）；③ 基金将最多占项目总费用的 50%；④ 项目最长期限为 5 年；⑤ 项目必须实现在没有基金的情况下无法实现的利益，或者不能通过其他来源获得更适当的资金；⑥ 申请人必须是法人 | ① 证明该项目对脆弱淡水水体管理问题的改善度。② 证明该项目淡水水体的价值和效益得到改善，证明条件必须满足以下一项或多项：实现可证明的共同利益，如改善淡水、河口或海水的水质或数量，增加生物多样性，栖息地保护，土壤保持，改善社区环境，减少气候变化对当前或未来的影响，减轻城市或农村基础设施压力；加强社区、地方政府或淡水管理相关行业的能力；建立或强化淡水的协同管理；增加毛利人在承担淡水管理中的职责和职能；有助于提高对淡水干预措施及其结果影响的理解。③ 说明公共利益增加的程度。④ 基于合理的技术信息或通过在其他地方开展的项目间接证明该项目成功的可能性很大。⑤ 说明该项目将涉及的必要伙伴组织，以确保其成功。⑥ 将聘请具备所需技能和经验的人员来保证成功交付项目 |
| 社区环境基金 | 旨在帮助新西兰人民对环境产生积极的影响 | ① 项目有助于深化伙伴关系，提高环保意识，提高民众环境保护的参与度；② 项目最长期限为 3 年，在此之后，如果未完成项目，则须自筹资金；③ 申请人是法人实体；④ 申请金额为 1 万~30 万新西兰元（不包括消费税） | ① 申请项目将实现以下多个目标：提高民众认识和参与解决环境问题的能力，让社区人员参与实际行动以改善环境质量，支持并加强环境团体、企业和地方政府的合作，以寻求社区面临的环境挑战的解决方法，提供与环境立法和政策有关的、基于社区的改进建议、教育机会和公共信息，产生经济、社会和文化效益；② 重点支持有利于以下方面的社区举措：减少温室气体排放、改善淡水管理、改善沿海管理、改善空气质量、实施废物管理举措；③ 具有生物多样性重点项目的申请人将更适合获得该基金的资助；④ 具有战略价值的项目；⑤ 随着时间的推移，项目可共同提供最大净收益 |
| 环境法律援助基金 | 适用于倡导环境公共利益事项的非营利组织。该基金使申请人能更有效地参与环境法庭或调查委员会的资源管理；也可用于支付在环境法庭准备、解决和提交案件时产生的法律代表或专家证人的费用 | ① 必须是非营利性组织；② 符合条件的团体包括：伊维和哈普部落（Iwi and Hapū Groups）、法人团体和社区团体；③ 申请金额最高为 5 万新西兰元（不包括服务税），年度预算总额为 60 万新西兰元 | ① 申请资助之前，必须满足以下条件：作为案件的当事人已经参与了诉讼，向环境保护主管部门提交了意见书；② 考虑一个群体的案例是否符合环境公共利益，即是否涉及国家或地区重要问题，与《资源管理法 1991》第 2 部分事项相关，有可能提高《资源管理法 1991》的执行效率，影响申请人与其他当事人已开展或拟开展合作的发展程度；③ 为申请人参与法律诉讼提供援助资金，是否不利于满足人们对就业、住房和基础设施等的需求 |

续表

| 基金 | 基本情况 | 申请条件 | 资助条件 ª |
|---|---|---|---|
| 废物最小化基金 | 为促进或实现废物最小化的项目提供资金,目的是提高新西兰在减少废物数量方面的能力 | ① 只有废物最小化项目才有资格获得该基金资助;<br>② 项目期限为3年;<br>③ 对于可获得替代的、更合适的政府资金项目(如污染地块修复基金或研究、科学和技术基金),申请人应在申请废物最小化基金之前申请这些资金;<br>④ 申请人必须是法人;<br>⑤ 基金额度为1万~5万新西兰元;<br>⑥ 该基金不会支付项目的全部费用,因此申请人需要从其他来源获得部分资金 | ① 将优先考虑由环境部确定的有助于实现战略成果的项目;<br>② 将优先考虑总体净收益最大的项目,项目有效性评估包括:成功的可能性,对环境的危害降低,废物处理量的降低,经济、环境、社会和文化效益,项目完成后的长期效益等;<br>③ 评估项目在实现基金资助目的方面的战略价值;<br>④ 在评估项目的战略价值时,应考虑伙伴关系和跨部门合作的程度;<br>⑤ 考虑来自其他来源的资金状况,以共享资金为首选;<br>⑥ 该项目将加速新西兰向循环经济过渡(如适用);<br>⑦ 项目必须促进或实现废物最小化,废物最小化包括减少废物数量和废物的再利用、再循环和再回收,该基金的范围包括促进废物最小化的教育项目和解决垃圾问题的项目;<br>⑧ 项目必须通过实施新举措扩大现有的活动范围或覆盖范围,实现新的废物最小化目标 |
| 其他部门拨款 | | | |
| 资源保护部(Department of Conservation) | | ① 纳瓦努阿拉惠(Ngā Whenua Rāhui)基金:支持坦加塔韦努阿(Tangata Whenua)部落的保护项目;<br>② 社区基金:旨在鼓励和促进社区主导的保护工作,只针对实地项目;<br>③ 自然遗产基金:以直接购买或契约的形式为保护私人土地上具有高生态价值的生态系统提供资金支持 | |
| 能源效率和保护部(Energy Efficiency and Conservation Authority) | | 能源效率和保护部管理可再生能源和能效项目的资助计划 | |
| 初级产业部(Ministry for Primary Industries) | | 初级产业部设有可持续农业基金、可持续土地管理和气候变化研究计划基金、加速灌溉基金和可持续土地管理和山地侵蚀计划基金 | |

a 对符合资格的申请将根据评估标准进行评估,由专家小组评估。该小组向做出最终资金决定的环境部长提出建议。

b 区域委员会和单一机构负责调查土地,以便识别和监测污染地块。地区政府有责任防止或减缓污染地块的开发、细分和使用过程中的负面影响。

　　根据《资源管理法1991》,环境部负责管理 CSRF。从2003年开始,CSRF可用于对人体健康和环境造成威胁的地块调查、地块修复计划。区域委员会可使用 CSRF 来修复区域内已识别的污染地块。该基金优先用于对人体健康有高风险危害的地块,以及位于敏感区域或具有国家文化意义区域的地块。区域委员会和单一辖区的职能是识别和监测污染地块,因此可以认为只有区域委员会和单一辖区可启用/申请 CSRF。如果地区行政机构或者土地所有者希望解决污染地块,那么他们将会通过各自的区域委员会来启用/申请 CSRF。由地区行政机构及土地所有者/占有者合作调查和修复的污染地块，其修复者可申请 CSRF 的资助，且只有区域委员会和单一辖区可以申请 CSRF，而市、区议会，公司和个人没有申请资格。市、区议会，土地所有者或前污染者可通过与区域委员会合作的方式来解决地块问题。以下条件用于确定可使用基金的地块。

1）合作关系——区域委员会/单一辖区与利益相关团体的合作。

2）风险——地块经过初步调查，有潜在威胁人体健康和环境的风险。

3）状态——在导致地块污染的活动发生在《资源管理法 1991》颁布之前/之后，且导致污染的活动已停止的情况下，区域委员会/单一辖区/地区行政机构无法对污染进行调查/修复。

4）当前的土地所有者/占有者并没有造成地块的污染——如果土地所有者/占有者只对污染负部分责任，那么他们对地块污染的贡献将会反映在他们参与的调查和修复工作中。

新西兰 CSRF 每年为区域委员会和单一辖区提供 263 万新西兰元的资金。CSRF 用于支持区域委员会、单一辖区和地区行政机构履行对污染地块管理的职责。区域委员会和单一辖区负责调查土地状况，目的是识别和检测污染物。地区行政机构负责防止或减缓污染地块开发、细分和使用过程中的负面影响。CSRF 的使用流程如下。

1）区域委员会和单一辖区代表土地所有者/占有者向环境部提交关于污染地块调查或修复优先顺序的申请信息，为土地所有者/占有者寻求财政资助。地块必须符合新西兰 CSRF 的申请条件。

2）有关部门使用 CSRF 优先级工具来评估所有的申请。选出前 10 个确定造成很大危险的污染地块，将其列入 CSRF 优先级列表。

3）有关部门通过 CSRF 优先级列表向环境部提交建议信。在每年的 4 月和 10 月分配资金。

4）如果地块已经被修复或者在进一步调查后地块不再具有基金优先权，则它们将被从 CSRF 优先级列表中移除并替换为其他地块。CSRF 申请流程的关键步骤和时间如表 3-6 所示。

如果想调查和修复污染地块，那么首先应联系区域委员会/单一辖区，CSRF 使用程序接受来自区域委员会/单一辖区的申请。所属区域委员会/单一辖区将会帮助申请人进行申请，通知申请人需要提交的申请信息，并代表申请人向环境部申请基金。符合以下标准才有资格申请 CSRF。

1）一个完整的申请已经从区域委员会/单一辖区提交到环境部。

2）可能导致地块污染的活动发生于以下时间点之一：一是在《资源管理法 1991》颁布之前；二是在《资源管理法 1991》颁布之后，但只有在区域委员会/单一辖区/地区行政机构对污染的调查和修复无法强制执行实施，并且活动引起的污染已停止的情况下，才能申请 CSRF。

3）申请基金用于第二阶段地块调查、第三阶段修复计划或第四阶段地块修复。应注意的是，基金不能用于第一阶段的调查。

4）基金只能用于申请日期之后的相关活动支出。

表 3-6　CSRF 申请流程的关键步骤和时间

| 关键步骤 | 上半年申请时间 | 下半年申请时间 |
|---|---|---|
| 土地所有者/占有者联系区域委员会/单一辖区，讨论基金申请需要准备的事项 | 任何时间 | 任何时间 |
| 区域委员会/单一辖区向环境部提交基金申请 | 截至 3 月最后一个工作日 | 截至 9 月最后一个工作日 |
| 环境部检查申请材料是否合格完整<br>环境部通知区域委员会/单一辖区不合格的申请 | 4 月上旬 | 10 月上旬 |
| CSRF 评估小组评估申请并向环境部部长提供建议书 | 4 月下旬 | 10 月下旬 |
| 环境部部长审批通过，环境部通知区域委员会/单一辖区申请结果 | 5 月上旬 | 11 月上旬 |
| 环境部起草协议，各方来签署协议<br>签署资助契约<br>项目计划实施 | 6 月 | 12 月 |
| 获批项目开始实施 | 7 月 | 2 月 |

# 第五节　污染地块监管方案

对地块后续监测计划和管理方案的要求，应从以下 3 个方面考虑：不能/不适合进行全面的清理，选择将监测自然衰减作为首选的修复方案，以及建议对污染物进行原位处理的情况。

在修复过程中，虽然按照实施方案的要求达到了修复目标，并通过了地块验收，但仍然需要根据要求提出一个后续地块监管方案。如果经批准，污染物仍然需要保留在场内或场外，则根据《资源管理法 1991》第 15 条规定，该方案可作为排放许可执行的支持信息。在这种情况下，地块验收报告中应包括《资源管理法 1991》附表四及第 88 条中的相关要求。对于各区域的要求，需要与相关的区域政府或职能管理部门取得联系并确认。

地块监管方案中应详细阐明建议的监测方案、监测对象、监测位置和频率，以及报告要求（格式、内容和频率）。该方案还应对监测方案和管理方案的审查期限进行说明。如果需要将后续地块监测或管理作为资源管理许可条件，则要与管理许可的规定相一致。然而，在多数情况下，监测方案和管理方案提出的要求将会被作为资源管理许可后续报告的依据。对于监测/管理由非法定文件管控的，应在报告中列出补充性条款。

　　另外，当管理方案作为降低风险的主要手段时，须每年向当地相关部门汇报其实施情况与效果。如果没有进行报告，则地方政府无法确定污染风险是否得到控制。

# 第四章  污染地块责任认定

澳大利亚联邦政府没有专门用于管理污染地块的法律，主要依据《国家环境保护措施》制定国家协调战略。《国家环境保护措施》以预防土地污染为政策目标，但当已造成土地污染时，这个目标就变成在切实可行范围内实现土地利用的最大化，从而为州政府和地区政府提供一系列的实施策略。

对于污染地块的经济责任，澳大利亚和新西兰的环境保护委员会认为，如果污染者有偿付能力，则应当适用"污染者付费"原则，但如果无法确定污染者或者污染者没有偿付能力，则适用由该土地的实际控制人承担必要的治理费用，而无论这个实际控制人是否为该土地的所有者/占有者（某些情况下是贷款人）的原则。一般情况下，建议通过立法规定追偿权，即土地所有者/占有者或者公共机构在采取清洁措施之后，可以向污染者追偿清洁费用。

新西兰对于污染地块的责任认定主要参考澳大利亚新南威尔士州的《污染地块管理法 1997》，不同的是对于对人体健康危害很大、在地理上位于环境敏感区或土地所有者/占有者没有经济能力进行修复的地块，新西兰设立了污染地块修复基金，用于帮助区域委员会/单一辖区对这部分污染地块进行调查及修复。总的来说，新西兰的责任认定参照了澳大利亚新南威尔士州的法规。

## 第一节  层级责任体系与污染责任人

### 一、层级责任体系

澳大利亚和新西兰的环境保护委员会出台的《澳大利亚和新西兰污染地块评估与管理导则》中建议，如果引起污染的活动是基于下列原因发生的，则应根据下列顺序为政府建立递减的层级责任体系。

1）在主管部门的指导/命令下。

2）得到主管部门的同意。

3）法律没有规定，但要承担责任。

4）法律没有规定，无须承担责任。

5）非法。

"所有者责任"和"占有者责任"的理论基础是土地所有者/占有者是治理活

动的直接受益人。一般来说，如果贷款人可以被归为土地所有者/占有者，则应当承担治理费用和危害赔偿金。破产接管人、清算人和受托人也是如此。如果公司签订协议转移债务或者减轻损失，则会产生特殊风险，如通过虚假合同转移财产逃避责任（偿还债务）。

## 二、污染责任人

澳大利亚环境保护的主体除了各级政府外，还包括企业、环境保护组织和个人。对污染地块享有经济利益的相关方大多被迫依赖于危险评估程序。澳大利亚法律规定，环境责任的范围包括以下几个方面。

1）公司违反环境法造成污染事故应当承担民事责任和刑事责任，责任形式是赔偿金、罚金或者禁令。

2）公司董事和管理人员对污染事故承担个人民事责任和刑事责任。

3）公司、公司董事和管理人员对先前存在并逐渐恶化的环境污染承担民事责任和刑事责任。政府可以对其签发调查令和清洁令。

4）执行可影响企业规划、生存和营利的命令（要求企业安装防污设施、停止/改变经营活动、没收保证金及其他金融担保以及履行责任的措施）。

5）承担环境责任的当事人范围广泛，包括下列主体（法人和自然人）：土地所有者/占有者（即使转让土地后也有可能承担责任），占有/控制土地的企业购买人/承租人，占有/控制土地的公司接管人，清算人/其他管理人员，银行/其他金融机构（可以占有/控制土地），收购/合并中的公司（继承责任），污染物所有者，运输者/接收者（尤其是化学物质、有毒物质、废物），与公司/政府部门/法定机构（包括地方市政局）管理有关的人员，相邻土地的所有者/受托人/执行人/特定情况下的代理人。

对于如何判断是"控制"还是"占有"，主要从以下3个方面考虑：一是在土地范围内实施活动；二是对土地范围内的工厂拥有所有权；三是参与公司的日常管理或活动（这对贷款人及其代理人尤为重要）。

澳大利亚的大多数立法机关把"污染者付费"原则作为确认责任的基础。通常把污染者作为污染的主要责任人，然而也有州和地区的法律以"所有者责任"和"占有者责任"作为理论基础，将土地所有者/占有者（并非最初的污染者和主要的污染者）作为责任人，目的是解决历史污染的责任问题。这与美国1980年颁布的《综合环境响应、赔偿和责任法》极为相似，不同的是美国有超级基金法。

## 第二节　新南威尔士州污染地块责任认定

新南威尔士州发布的《污染地块管理法1997》也提出了关于污染地块的解决方法，其原则是"危害风险"及"污染者付费"，即根据污染危害风险确定责任的归属，以及由责任人承担责任。如果无法确定污染者，则由层级责任体系中的其他人承担。

《污染地块管理法 1997》为环境保护局下令要求承担调查工作或治理工作的人确立了一个层级责任体系。首先由污染主要责任人承担，如果向该承担人签发行政命令不可行，则向土地所有者/占有者签发行政命令；如果仍不可行，则向土地推定的所有者签发行政命令。推定的所有者是指对土地享有利益并有权转让土地权利的人，包括拥有土地使用权的抵押人。如果环境保护局有合理理由相信某块土地因受到污染而面临严重风险，则有权宣布该土地为"调查地块"。环境保护局会对此进行公告，就调查令是否签发向民众征求意见。

调查令是指向有关人员（环境保护局合理怀疑的对污染地块负责的人/土地所有者/名义所有者/所进行活动引起污染者/公共机关）签发的要求其对污染的性质、程度、危害及危害引发的风险进行报告的命令。违反调查令是犯罪行为。环境保护局也有权宣布某块土地为"治理地块"，在此之前该土地无须作为调查的对象。环境保护局应当进行公告，并向民众征求意见，然后才能签发管理令。管理令要求在管理工作启动之前必须拟订管理计划，并且管理工作要经开发商同意。违反管理令也属于犯罪行为。调查令和管理令的签发对象，可以自签发之日起 21 日内向土地与环境法院提起诉讼。法院有权维持、改变或者撤销原行政命令。《污染地块管理法 1997》为防止相关公司董事规避法律所规定的义务，提出如果董事解散的公司有逃避调查令或管理令的行为，则应该由该董事个人承担调查令或管理令所要求的工作。如果该董事违反调查令或管理令，则会面临巨额罚款。如果子公司接到土地和环境法院的命令后不予履行并在两年内解散，则法院可以要求该子公司的控股公司履行命令。对于违反《污染地块管理法1997》的行为，任何人都可以采取措施予以追究/制止。

基于《污染地块管理法1997》的规定，初步调查令和管理令的支出，最终由每个污染者承担。以下根据《污染地块管理法1997》讨论污染者、使用方、土地所有者和占有者、土地承押人和受委托人在污染地块问题上的责任，以及责任的协商解决和其他事项。

## 一、污染者责任

"污染者付费"是制定政策和立法时最重要、应用最广泛的原则。在《污染地块管理法 1997》第 9 条中，将其作为首要原则；在第 6 条"土地污染的责任"中，规定对污染负责的情形包括以下几个方面。

1）当事人造成了土地污染，无论是否有其他人一同造成该土地的污染。

2）由于当事人的行为/活动使土地中某种不会引起污染的物质转变成另一种确实会引起土地污染的物质，从而造成土地的污染。

3）当事人是该土地的所有者/占有者，知道/按理应当知道可能发生污染，但没有采取合理的措施阻止污染发生。

4）当事人在土地上的活动产生/消耗了污染物，或者产生/消耗了可能转化为污染物的物质，该转化包括物质之间的反应和物质在土地中的自然变化过程。

如果该土地被认为是严重污染的土地，那么以下两种情形应承担责任：一是当事人的一次行为/活动导致该土地上的一些已经存在的污染物发生转变，以致该污染变成严重污染；二是当事人的一次行为或活动导致该土地原先被认可的使用方式发生转变，使污染风险增加，因此环境保护主管部门将该土地鉴定为严重污染的土地。

在《污染地块管理法 1997》中强调了以下条款：①在确认当事人是否应当对土地的污染负责时，不考虑污染与最终被认定对土地污染负有责任的当事人的行为、活动是否同时发生；②在该法中，污染的责任人无论是否已经达成了协议或有其他的举措，都应当为污染/由污染引起的伤害负责，即对该污染负有责任。

综上所述，对污染者的界定包括：直接污染者、间接污染者、没有做好预防措施的所有者、变更用地方式或不当使用土地的当事人。

## 二、使用方责任

"受益者付费"原则主要考虑公平和可持续发展，即一个人不能从环境中受益而不付出任何代价，而受益者将付出的代价纳入评估和定价将促进环境修复并减少环境污染。因此，为保证生态可持续发展，《污染地块管理法 1997》第 9 条（3）d"提高评估定价和激励机制"中规定，产品和服务的使用者应当为提供的产品和服务的整个生命周期支付费用，包括使用自然资源、财产和垃圾。这也可以被解释为，从使用资源和处置垃圾中受益的人，应当为它们支付额外的费用，以保证可持续发展。

## 三、土地所有者和占有者责任

污染地块的所有者/占有者往往是该土地的污染者。即使不对污染负主要责任，土地所有者/占有者也往往因与污染地块财产利益相关而对地块污染负有次要责任。土地所有者指产权上的所有者，而土地占有者指管理和控制该土地的人。此外，《污染地块管理法 1997》第 7 条中提出"名义所有者"，名义所有者对属于他的土地享有自由保有利益，可以处置或以其他方式处理自由保有利益，包括从赋权、处置或买卖中获得土地全部或部分价值。可以看出，土地所有者和名义所有者的核心特征是能通过经营、转让等方式从土地不动产中获益的。

土地所有者也承担一定的义务。《污染地块管理法 1997》第 10 条及第 13 条规定，污染者将优先被要求执行初步调查令和管理令，但当其没有能力完成命令时，土地所有者和名义所有者将会收到这些命令并为之负责。此外，当污染者不对污染负责时，土地所有者可以依规向污染者追缴一部分支出，而一般的非污染者则可以向污染者追缴所有支出。

**四、土地承押人和受委托人责任**

土地的承押人/受委托人（接受他人房产/财产管理/使用权的人）虽然是土地的名义所有者，但其责任应当有所豁免或限制。具体来说，对于土地的承押人来说，如果仅仅是因债务问题而获得土地，并且没有获得超过在该债务之外的利益，那么就可以获得豁免。《污染地块管理法 1997》第 7 条第 2 款规定，以下情形将不构成观念上的所有。

1）当事人与土地之间仅存在有关的担保关系，如抵押、财产负担和留置。

2）当事人符合成为观念上所有人，但是当事人有一些该土地的担保，并且当事人（或当事人所指派的财务总监）已经意识到全部或部分土地的价值，出于偿还被担保的债务目的与他人达成售卖土地的协议。

对于受委托人，《污染地块管理法 1997》规定受委托人以不动产的本身价值为依据，具体如下：①对房产相关的法定代理人（或是财产的受托人）而言，若其房产/财产是严重污染地块的一部分，则以房产/资产的价值为依据来负担责任，前提是受委托人对房产/财产价值已合法知悉；②当事人不再为依据此法产生的相关命令的任何支出承担个人责任，也无须偿还超出该不动产本身价值的支出，其前提是受委托人对房产/财产价值已合法知悉。

然而，在这两种豁免权中，只是承押人和接收人的个人责任得到豁免，如果抵押人（向债权人提供房产/财产作为抵押的债务人/第三人）知悉承押人/受委托人的资金链易断裂、财产易贬值，且得不到补偿，那么政府应能提供必要的权力和手段，使污染者承担污染地块的修复费用。政府应当尽力在污染者已进入破产程序时，保证环境保护优先。《污染地块管理法 1997》第 37 条规定，当土地所有者破产时，对地块修复管理的支出或由此引起的其他支出，政府部门可以优先于任何以该土地作为担保的持有者，以合理的商业利率进行追缴。这些原则和条款都将环境权视为债权之上的权利。

## 五、责任分配

《污染地块管理法 1997》第 36 条第 5 款中对追缴的份额的规定较为模糊，只确定了分配份额的两种情形：①按该严重污染地块的责任的比例分配；②按每个人管理该严重污染地块时，在每个步骤中的合理花费分配。对于责任分配机制，《污染地块管理法 1997》中只提供了两种责任分配机制，具体如下。

### 1. 自愿管理提案

自愿管理提案与自愿分配原则类似，由一人或多人向环境保护局提交，并且符合以下 3 个要求：①自愿管理提案的条款（包括任何管理计划、发布通知的规定及设定时间表和要求进度报告的条款）都经过环境保护局的修改，并已适合各种情形；②自愿管理提案中涉及的群体已经采取所有合理的措施，以鉴定并找到该土地上每个所有者和名义所有者，以及每个对严重污染地块负有责任的人；③自愿管理提案涉及的群体已经给予上述鉴定和找到的人以合理的机会、合理的条件来参与这个提案的形成和执行，然后由环境保护局批准。除无条件或有前提批准自愿管理的提案外，环境保护局仍保留一定的自由裁量权。例如，一方在自愿管理提案中被批准，但没有合理完成该提案时（没有履行/没有充分履行提案或环境保护局出现误判），环境保护局仍然可以向当事人发出管理令。

### 2. 管理令

管理令是一种连带责任的分配方式，它可以被发送给以下目标：①对该土地的严重污染负有责任的人（无论是否还有其他人负有责任）；②土地的所有者（无论是否对土地的污染负有责任）；③名义所有者（无论是否对土地的污染负有责任）。管理令优先发送给上述目标①，当没有这样的角色，或者无法联系到该角色，或者该角色无力承担责任时，可将管理令发送给上述目标②，最后发送给上述目标③，如果上述目标①、②和③均不合适，则由公共机构（如某政府部门）来执行管理令。

# 第五章　污染地块管理的利益相关方参与制度

利益相关方是指对污染地块的修复和管理可能感兴趣或受其影响的个人、群体、组织或其他实体。在污染地块的评估、修复和管理过程中，利益相关方的参与非常重要。利益相关方的参与涉及污染地块的修复和管理，关系着从业者[①]采取的直接行动，因此应让利益相关方的任何组合都参与到现场发生的风险管理过程中。从业者可以同当地媒体对话，举办会议公告，现场开展活动。在不同的场景中，从业者可以组织研讨会，征求利益相关方的意见，从而做出有关地块修复的最佳决策。

## 第一节　利益相关方参与污染地块的管理

利益相关方参与准备、计划、实行、评估和报告 4 个阶段，每个阶段对应不同的工作（图 5-1）。根据具体的地块情况，利益相关方可能包括居民、土地所有者、政府机构、政府监管机构、媒体、相关企业、其他行动/利益集团，以及土地所有者和项目工作人员。利益相关方参与的总体目标是提高地块修复和管理中所做决策的质量，同时改善决策的过程[②]。

利益相关方的参与过程，是与污染地块的修复和管理有兴趣或有利害关系的个人和团体进行交流沟通的过程，包括通知（单向沟通或信息传递）、咨询（为持续的利益相关方反馈提供咨询服务）、参与（确保利益相关方关注的双向流程被视为决策过程的一部分）、合作（与利益相关方建立伙伴关系并提出建议）、赋予权力（允许利益相关方做出决策并实施和管理变革）。

利益相关方参与过程越来越多地应用于澳大利亚的各行各业，因此，有更多的导则支持这个过程。使用较为广泛的系列导则来自国际公众参与协会（International Association for Public Participation，IAP2）。这个组织制定了"公众参与范围"，概述了不同行业、不同参与计划可能采用的参与方法（通知、咨询、参与、合作和赋予权力）。国际公众参与协会进一步描述了每种方法的适用性，以

---

① 从业者（practitioner）在《利益相关者参与导则》（Guideline for Stakeholder Engagement）中的定义为私营部门专业从事污染地块评估、修复或管理的人员。

② WA Department of Environment, 2003. Interim industry guide to community involvement; WA DoE, WA Department of Environment, 2003. Community involvement framework.

及在采取某种方法时对参与者做出的承诺。西澳大利亚州环境部对该范围进行了调整，并将其应用于一般的环境背景，如表 5-1 所示。

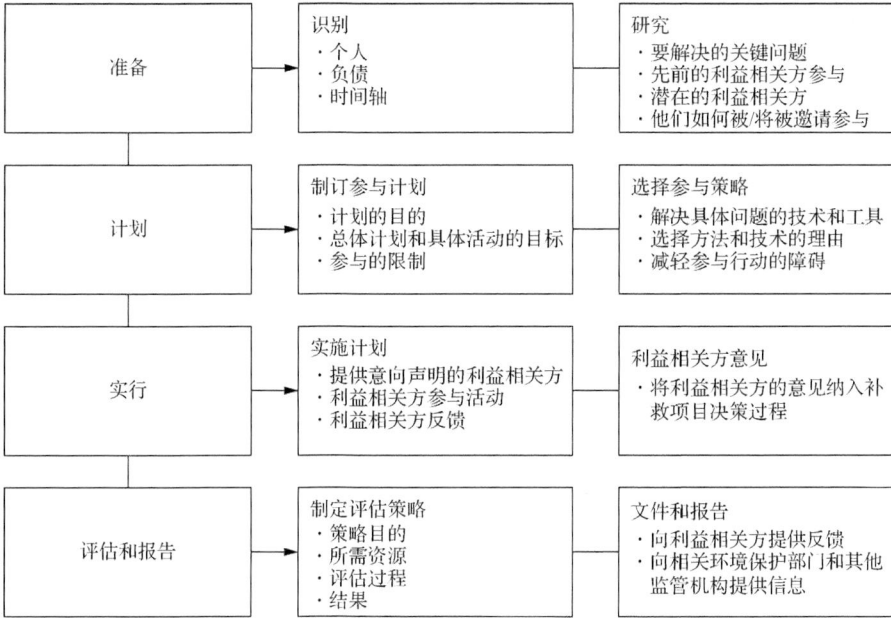

图 5-1　利益相关方参与概述

**表 5-1　利益相关方参与的可能方法**

| 方法 | 方法的适用性 | 所做承诺 |
| --- | --- | --- |
| 通知<br>（增强意识和教育） | ① 已做出决定或没有影响最终结果的机会；<br>② 问题相对简单 | 我们会及时通知你 |
| 咨询<br>（寻求输入/反馈） | ① 决策仍在形成；<br>② 可能没有对所收集意见做出坚定的承诺，但已经清晰地传达意见 | 我们将随时通知你，倾听并解决你的疑虑，就利益相关方意见如何影响决策提供反馈 |
| 参与<br>（促进有意义的讨论） | ① 利益相关方之间需要进行双向讨论；<br>② 有一个可影响最终结果的机会 | 我们将与你合作，确保你的关注点和问题直接反映在开发的替代方案中，并提供有关利益相关方意见如何影响决策的反馈 |
| 合作<br>（促进共识） | ① 利益相关方需要就复杂的、有价值的问题进行相互交谈；<br>② 利益相关方有能力制定有影响力的决策 | 我们将支持你在制订解决方案时提供的直接建议和创新，并尽可能地采纳你的建议 |
| 赋予权力<br>（为利益相关方做出决策提供有效的平台） | ① 利益相关方接受自己形成解决方案面临的挑战；<br>② 达成协议，实施利益相关方形成的解决方案 | 我们将实施你的决定 |

在污染地块上，从业者可以在计划参与活动时考虑这些方法。采取的方法取

决于特定地块的具体情况。在修复和管理污染地块的过程中，从业者可以采用这些方法的组合来支持决策过程，至于选择哪种方法取决于利益相关方参与决策的程度。

## 一、利益相关方的参与价值[①]

澳大利亚污染地块的修复和管理通常在风险管理范围内进行。风险管理描述了一个决策的过程，用于分析和比较现场管理的各种选择，以及选择对潜在健康或环境危害的影响。作为这一过程的一部分，从业者可能会考虑一系列影响，不仅包括政治、社会、经济、工程和环境因素，还包括可持续性问题。

如果管理得当，则利益相关方的参与可以帮助从业者了解利益相关方的意见和关注点，从而更准确地预测利益相关方对行动和决策的反应；提高风险管理决策的有效性，并让利益相关方参与其中；改善沟通，减少利益相关方和从业者之间不必要的紧张关系；更有效地解释风险，确保利益相关方准确地理解风险。这种双向参与有效地传达了信息，并使利益相关方参与决策过程，显著节约了成本，并提高了参与污染地块管理组织的可信度。利益相关方还可以通过改进风险管理决策及采用更易被接受的地块管理措施来获益。有效的利益相关方参与制度增加了行业在特定地块修复和管理期间的收益机会。行业与利益相关方合作的好处包括以下几点。

1）减少对某些合理提议的抵制。

2）做出更好的决策，获得更好的可持续的结果——利益相关方通过自身对当地情况的了解，可为问题提供新的视角和解决方案，甚至节省资金。

3）促进关系/合作关系的发展。

4）更加开放和信任。

5）有助于做出对责任和透明度的承诺。

6）能共同理解遇到的问题和困境。

7）与利益相关方合作的机构有更强的社区自豪感。

如果不采用有效的利益相关方参与制度，那么可能产生的风险包括：项目延期，需要进行额外的调查或咨询，增加项目成本；利益相关方的不满；受到媒体的监督；影响公司声誉和开展业务的能力；存在潜在的诉讼风险等。

---

① 此部分参考以下文件：

National Environment Protection Council, 1999. National Environment Protection (Assessment of Site Contamination) Measure 1999 as Amended, Schedule B (8), Guideline on Community Engagement and Risk Communication.

WA Department of Environment and Conservation, 2006. Community Consultation Guideline, Contaminated Sites management Series.

## 二、利益相关方参与计划的时间和范围①

利益相关方参与是污染地块修复和管理项目的重要组成部分。当存在以下情况时，利益相关方的参与会更有益。

1）修复和管理计划的实施可能影响当地居民生活的舒适度，如产生噪声、难闻的气味、排放物、灰尘，增加交通压力。

2）高级污染地块可能会影响邻近社区，以及污染类型存在争议。

3）地块靠近居民区或特别敏感的生态受体或脆弱的亚人群，如幼儿园、学校或疗养院。

4）该地块存在与污染有关的历史争议；或该地块的开发因政治、经济、社会原因而存在争议；或该地块的污染特征/毒性可能存在争议；或污染已经转移到该地块范围之外；或提出的修复方法被认为有争议/有可能影响当地人生活的舒适度。

利益相关方的参与活动应尽早开始，通常在评估地块的污染情况时介入，并贯穿地块修复和管理的全过程。此外，只要发现可能对健康或环境构成风险或引起民众关注的新问题，利益相关方就应该参与进来。这可能意味着参与活动在所有信息已知之前，或在识别和考虑所有风险之前就应该开始。对不愿意公布与地块相关风险的从业者来说，如果不能确定风险及如何管理风险，那么提前开始相关利益方参与活动可能很困难。但早参与可使利益相关方觉得自己对风险管理有一定的控制权和参与度，这有利于利益相关方接受做出的决定。

参与的范围取决于污染物的性质和影响，以及当地社区与地块的距离，如活动是否影响居民生活舒适度或是否会产生噪声、气味等干扰。参与范围也受到地块、地点或污染物是否具有历史争议的影响。一般情况下，如果污染物对社区产生严重影响，就会有更广泛的利益相关方参与活动。在确定可能需要的利益相关方参与范围时，需要考虑的因素包括以下几点。①污染是否可能对环境构成严重风险，是否可能对当地社区构成健康风险，是否被认为会造成严重的环境或人体健康风险，是否在地块边界内/已经扩散到外面（如地下水被污染），是否可能对该地区的财产价值产生负面影响。②可能受影响的利益相关方的数量。③污染

---

① 此部分参考以下文件：

National Environment Protection Council, 1999. National Environment Protection (Assessment of Site Contamination) Measure 1999 as Amended, Schedule B (8), Guideline on Community Engagement and Risk Communication.

WA Department of Environment and Conservation, 2006. Community Consultation Guideline, Contaminated Sites Management Series, DEC.

WA Department of Premier & Cabinet, 2006. Working Together: Involving Community and Stakeholders in Decision-making.

WA Department of Environment, 2003. Interim Industry Guide to Community Involvement.

地块与敏感受体（如湿地、河流、海洋、住宅、幼儿园、学校或医院）的距离。④现场修复和管理活动是否可能影响当地居民生活的舒适性或引起其他干扰（如地面干扰、产生灰尘、噪声或地面交通压力增大），是否可能增加环境或公共卫生风险（如释放颗粒物或运输受污染的介质）。⑤涉及的污染物等是否包含有争议性的物质。⑥地块相对于民众的可见程度、地块的大小、地块是否属于受关注区域/发展存在争议区域的一部分、地块/公司是否有历史遗留问题。⑦利益相关方希望的参与范围。⑧如何了解当地社区污染地块的相关问题，当地社区对监管机构和现场管理者的信任程度。

　　利益相关方参与活动并不总是恰当的，无效或不恰当地参与活动会适得其反，这不但对未来的参与活动不利，而且对从业者及其组织极为不利。当存在以下几种情况时，允许利益相关方参与活动是不恰当的：已做出最终决定；由于地块或项目的特定因素，利益相关方无法影响最终决策；没有足够的时间和资源；为明确了解参与范围（如谁做出最终决定、如何使利益相关方参与），该问题需要紧急解决等。当参与的目的不是让利益相关方参与或赋予利益相关方权力，而是通知他们某一问题或地块某特定活动时，也可能存在限制（利益相关方虽然有权获得影响其生活的环境因素信息，但有些立法可能对可提供的信息类型/数量有影响，如不应披露商业机密，未经相关材料中所述人员的许可不能将个人信息泄露给他人）。

　　从业者应就利益相关方参与的具体要求咨询相关政府。例如，在某些情况下，对造成环境或人体健康风险且污染物有可能扩散到场外并影响场外受体的地块的管理，比对远离敏感受体且造成环境或人体健康风险小的地块的管理，更需要利益相关方参与其中。

# 第二节　利益相关方参与计划

　　澳大利亚环境保护主管部门希望从业者能允许利益相关方在污染地块修复和管理过程中参与风险管理决策，期望从业者制定与地块所发生活动相关的有效风险沟通策略。每个州政府/地区政府的报告义务包括提供关于从业者计划参与方式的信息，以及与可能对地块感兴趣的个人或团体进行沟通的信息；根据项目规划的复杂程度，将这些信息作为整体修复和管理计划的一部分，也可将其作为单独的具体计划。

　　一般而言，利益相关方参与计划的制订是在现场污染初步评估的早期阶段进行的，但根据具体的地块情况，也可能会在制订修复和管理计划的同时进行。在地块的修复和管理期间，可以在不同时间更新现有计划。一个好的计划应具有以下优点：①能帮助从业者将参与和沟通工作与风险评估和管理流程相结合；②能提高参与和沟通的有效性；③能为参与和沟通工作分配适当的资源；④能促进对话和相互理解，以减少与利益相关方的不必要的紧张关系。

利益相关方参与计划通常包含以下信息[①]：①清晰描述整个项目、提出的技术解决方案及利益相关方的参与范围；②利益相关方参与过程的目标；③描述可能出现的主要问题；④项目中可谈判和不可谈判的方面、决定和问题；⑤涉及的利益相关方的名单；⑥拟议的参与过程和关键要素、技术、工具；⑦将遵循的决策过程；⑧承诺合理使用流程中的信息；⑨承诺向参与者提供有关如何使用其建议及给予反馈的信息，并对最终决定给出解释；⑩时间表、关键节点、预算。

## 一、利益相关方参与原则

澳大利亚在 NEPM 中给出了制订污染地块利益相关方参与计划的关键原则，包括以下几点[②]。

1）允许利益相关方作为合法合作者参与：尽可能早地让所有对该地块感兴趣或可能受地块影响的群体参与其中，并邀请利益相关方参与流程设计和相关评估。

2）认真计划：明确利益相关方参与计划的目标，确定并解决特定的利益相关方所关注的特定问题，确保所有相关工作人员都接受风险沟通培训，制定时间表，为参与过程留有足够的时间。

3）倾听利益相关方的具体关注点：让所有利益相关方都有机会发表意见，尝试换位思考，了解他们的顾虑，明白可信度、能力、公平和同理心与事实和数据相比同等重要或更重要。

4）诚实：当某些问题无法回答时，承诺在给定时间范围内给予答复，及时披露包括坏消息在内的信息，不要夸大或缩小风险，要分享尽可能多的信息。

5）与其他可靠机构合作：与其他可提供可靠信息和建议的组织机构建立合作关系，并尝试与其共同发布信息。

6）满足利益相关方的需求。

7）满足媒体的需求：提供适合各类媒体需求的信息，提前准备并提供各种问题的背景信息，在适当的时候向媒体提供反馈信息。

8）评估有效性：在每个流程执行期间及结束时，要监控和评估利益相关方参与计划的有效性，准确全面记录利益相关方贡献的性质和细节，建立反馈机制，监督和审查每项参与活动及整体计划的有效性。

对于地块修复和管理期间开展参与计划的从业者而言，这些原则具有极强的

① WA Department of Environment and Conservation. 2006. Community Consultation Guideline, Contaminated Sites Management Series.

② National Environment Protection Council, 1999. National Environment Protection (Assessment of Site Contamination) Measure 1999 as Amended, Schedule B (8), Guideline on Community Engagement and Risk Communication.

相关性和实用性。

## 二、行政和管理

根据修复和管理项目的规模和复杂程度，利益相关方参与计划由执业者、组织内从事修复和管理项目的团队、外部顾问合作执行。无论从业者是否领导利益相关方参与团队，都应与相关政府尽早联系，以确保在制订计划之前了解所有的法律要求[①]。

对于一些仅通过参与计划来解决问题的地块，或者复杂、有争议的地块，如果利益相关方参与人员由顾问等第三方来担任，那么通常可获得更好的结果。重要的是，参与规划、开发、实施、监控和评估的利益相关方参与人员应具备相关的技能和经验。构建任何类型的利益相关方参与团队需要考虑的因素包括有效的领导、开放和透明、团队的热情、承诺等[②]。

利益相关方参与所需的预算将取决于修复和管理项目的规模和复杂程度，虽然有可能以有限的资金实施有效的利益相关方参与计划，但第三方成本（如外部顾问执行参与计划的费用）将对总体预算产生严重影响。与利益相关方参与计划相关的费用包括广告费、地块租用、打印费、运费、停车费、差旅费、住宿费、翻译费、餐饮费、酬金等[③]。

## 三、利益相关方的识别[④]

每个污染地块都不同，因此对地块感兴趣的个人和群体也不同，这取决于特定地块的各种因素。在任何利益相关方参与计划中，确定利益相关方都是一个持续的过程，在参与过程的任一阶段，都可能有新的利益相关方加入，特别是当项目的规模和时间都很宽泛时。一般而言，污染地块修复和管理期间的利益相关方

---

① National Environment Protection Council, 1999. National Environment Protection (Assessment of Site Contamination) Measure 1999 as Amended, Schedule B (8), Guideline on Community Engagement and Risk Communication.

② HEATH L, POLLARD S J T, HRUDEY S E, et al., 2010. Engaging the Community: A Handbook for Professionals Managing Contaminated Land, CRC for Contamination Assessment and Remediation of the Environment, Adelaide, Australia.

③ WA Department of Premier & Cabinet, 2006. Working Together: Involving Community and Stakeholders in Decision-making.

④ 此部分参考以下文件：

National Environment Protection Council, 1999. National Environment Protection (Assessment of Site Contamination) Measure 1999 as Amended, Schedule B (8), Guideline on Community Engagement and Risk Communication.

WA Department of Environment, 2003. Community Involvement Framework.

HEATH L, POLLARD S J T, HRUDEY S E, et al., 2010. Engaging the Community: A Handbook for Professionals Managing Contaminated Land, CRC for Contamination Assessment and Remediation of the Environment, Adelaide, Australia.

主要来自以下部门。

### 1. 与污染地块相关的企业

企业的目标是提高居民对其运营的信心,因此会采用开放的方式审查其运营,如设立开放日并邀请投诉人访问该地块,以尝试查明问题。

### 2. 其他行业

对于未直接参与污染地块修复和管理活动的企业,可能会担心污染地块的修复和管理会影响自己的业务活动。

### 3. 联邦政府、州和地区的政府机构

政府机构和部门的行动主要取决于其法定的责任,不同的机构具有不同的职能。例如,一些部门负责计划的整体管理,而另一些部门负责污染地块活动的特定方面,包括公共卫生、职业健康与安全等。

### 4. 当地政府

随着居民环境意识的日益提高,当地政府在满足所有利益相关方有更多的参与机会、更重要的责任和更好的沟通方式的需求方面发挥着重要作用。

### 5. 土地所有者和居民

不同规模的住宅社区都是不同的实体,其居民的角色或态度不易被掌握。例如,并非所有居民都希望或选择参与地块修复和管理活动;一些人会自主行动和思考,而另一些人则代表组织或团体的观点。

### 6. 非政府组织

非政府组织包括环境组织、特殊利益集团,以及由各行业、部门代表和公民组成的协会和委员会。这些组织中的"积极分子"有时被视为污染地块管理的威胁,但这些组织提供的建议和帮助通常有助于当地居民了解情况,并以有意义的方式提出问题。为确保利益相关方广泛参与,应考虑当地的小型团体和利益相关方的重要性。

### 7. 工人、工会和协会

工人、工会和协会普遍关注的是在进行现场修复和管理时采取的适当的健康保护措施。由于工人可能直接或间接地受到影响,所以澳大利亚相关的职业健康和安全法律要求项目负责人向工人咨询健康和安全问题。这种咨询的基础是承认工人的投入和参与,改善有关健康和安全问题的决策,并有助于减少与工作有关

的伤害和疾病。满足这些法律要求，可能需要与在相关地块上同样有职业健康和安全职责的其他业务经营者进行接触。利益相关方参与计划必须包括健康和安全问题。

8. 媒体

媒体报道可以关注涉及问题的消极或积极方面，可以确定利益相关方是否感觉受到威胁。因此，应以合理、一致的方式准备媒体所需的材料。与媒体人员建立良好的工作关系，可以为利益相关方提供信息传播渠道，有助于避免信息传播的冲突和混淆。

澳大利亚提供了多种途径，用于识别某社区特定利益相关方及其联系方式，具体包括以下几种途径。

1）澳大利亚统计局网站——利用该网站提供的工具可以提取和查看特定地理区域的人口普查数据。这些数据可用于建立当地社区的人口统计资料，包括男女比例、儿童和老人的人数、社会经济状况、受教育程度、少数群体和家庭语言信息等。

2）地方议会——作为利益相关方，地方议会通常掌握该地区有关学校、社区组织和利益集团的信息，包括联系方式。

3）当地政治家和政治团体能够帮助政府确定关键的社区代表。

4）互联网——大部分社区和利益集团都有网站，这些网站通常采用该地区首选的语言和风格。

5）当地报纸——当地报纸/杂志上的文章和给编辑的信件，可以很好地反映社会最关注的问题，以及哪些团体最具发言权。

6）当地媒体广告简介——当地报纸、期刊、电视台和广播电台可能愿意分享这些信息（可能会收取费用）。

7）环境影响报告——许多环境影响报告包含有关当地社区和经济的信息，通常可以在线查看这些报告。

## 四、明确利益相关方参与计划的目标

当项目涉及的问题和利益相关方都已确定后，应明确规定利益相关方参与计划的目标，包括整个参与计划的目的及计划解决特定问题的相关参与活动的更具体的目标，这使每个参与者、从业者和利益相关方能够清楚地了解他们希望通过参与计划实现的目标。利益相关方参与计划的目标包括[①]：告知利益相关方可能对

---

① 此部分参考以下文件：

WA Department of Environment and Conservation, 2006. Community Consultation Guideline, Contaminated Sites Management Series.

WA Department of Environment, 2003. Community Involvement Framework.

WA Department of Environment, 2003. Interim Industry Guide to Community Involvement.

他们产生影响的修复和管理项目，或项目中可能对他们产生影响的元素；告知利益相关方已经做出的决定；与利益相关方协商并征求他们的意见，以便供决策者参考；在规划流程的早期阶段确定并尝试解决潜在问题；向受影响的利益相关方最大限度地提供准确且可访问的项目信息；以统计/建议的形式收集数据以指导未来的决策；加强与利益相关方的合作，获得民众的支持并解决纠纷；使项目获得各方都能接受的结果。

利益相关方参与计划目标设定具有许多优势，包括发展从业者与利益相关方之间良好的工作关系，以及对参与计划的期望进行管理。利益相关方在此阶段的参与程度取决于项目的规模和复杂程度，无论参与的时间如何，项目负责人都应向利益相关方明确参与目标，明确在做出决定之前可供讨论的问题及不可谈判的问题。

## 五、评估流程

对流程和结果的评估是利益相关方参与计划的重要组成部分。精心设计的评估流程有助于确认利益相关方所遵循的流程是否公平（如果人们对这个流程感到满意，那么他们可能更愿意接受结果），改进未来的利益相关方参与活动流程，确认是否需要持续参与活动，让利益相关方全面了解其他人对项目的看法，提高未来流程的成本—效果（cost-effectiveness）[1]。

在整个利益相关方参与计划的实施过程中和过程结束后，计划让所有利益相关方参与对项目效果的评估和反馈。将计划包含在利益相关方参与计划的评估策略中时，从业者应遵循以下步骤[2]。①确定参与评估的目的。了解评估的目的有助于阐明如何进行评估及如何使用结果。开展评估的常见目的有展示目标及目标的实现情况，改善利益相关方参与的方式，深入了解在不同情况下利益相关方的有效参与程度。②确定对评估感兴趣的各方，即确定哪些人想了解情况。因为可能有许多人会根据评估结果做出决策，如关于参与计划未来的发展方向等。确定对评估感兴趣的各方的最佳方式是直接提问，如从他们的角度看，什么是成功的评估结果？他们希望通过评估回答哪些问题？③考虑评估所需的证明材料，即收集哪些信息及如何收集。在利益相关方参与领域收集证据可能比项目评估的其他方面更为复杂，原因如下：利益相关方参与是一个相对较新的专业领域，因此没有得到广泛的测试；其结果一般通过更好的关系、信任和联系表现出来，这些都很难用语言来表达；利益相关方参与活动的效果在活动/项目结束后的短期内通常不

① 成本—效果为经济学术语，指付出成本带来的有利影响。

② 此部分参考以下文件：

WA Department of Environment, 2003. Interim Industry Guide to Community Involvement, Victoria Department of Sustainability and Environment, 2005. Effective Engagement: Building Relationships with Community and Other Stakeholders. Book 2: the Engagement Planning Workbook.

明显。④考虑进行评估所需的资源。在决定谁负责收集证明材料及什么时候执行这些任务时，还应考虑将哪些评估任务分配给外部顾问/地块管理团队的其他成员。

## 六、利益相关方参与技术

在污染地块的修复和管理过程中，从业者可单独使用或者组合使用技术和工具与利益相关方进行互动。在使用最适合的方式吸引利益相关方时，从业者需要考虑的因素包括参与活动的目的、可用的时间和资源、与参与类型或程度有关的任何法律要求。吸引利益相关方的技术和工具包括个人咨询、印刷信息（通过新闻通讯、广告、网站、媒体等）、调查、公开会议、搜索会议、研讨会、设计会议、热线和网站等。在澳大利亚的污染地块管理背景下，已经确定的利益相关方参与技术如表 5-2 所示。

表 5-2    利益相关方参与技术[①]

| 分组技术 | 描述 | 优点 | 缺点 |
|---|---|---|---|
| 公开会议 | 通常超过 20 人，通过广告邀请的方式选择，旨在向广大群众提供信息，在适合大多数人的时间和地点进行，需要广泛宣传，并做到公平、公正、无偏见 | ① 为群众提供了一个信息传播和交流的平台；<br>② 可以与其他技术一同使用，如研讨会；<br>③ 可以吸引更多的人群 | ① 关于问题的重点讨论很困难；<br>② 有更多表达和更好准备的参与者可能占主导地位；<br>③ 较内向的参与者可能难以表达他们的观点 |
| 现场会议 | 在受影响的地块或其附近举行现场会议，以提供信息，解释过程和程序 | ① 使感兴趣的个人能够了解涉及的问题；<br>② 揭开项目的神秘面纱；<br>③ 提供与利益相关方建立融洽关系的机会 | ① 参与人数受交通的限制；<br>② 并非可以始终访问地块 |
| 搜索会议 | 通常选择 20～30 名具有异质性和共同兴趣的参与者，进行持续一天、一周或者更长时间的分阶段讨论，目的是确定关于各种问题的观点 | ① 可在早期阶段协助参与计划，以确定利益相关方的特征和相关问题；<br>② 与参与者共同制订计划；<br>③ 允许通过冗长的讨论来发现和完善想法 | ① 花费大量的时间；<br>② 可能使参与者看起来像精英群体；<br>③ 可能导致参与者产生不切实际的"愿望清单" |

---

① 此部分参考以下文件：

NEPC, 1999. Guideline on Community Engagement and Risk Communication, Schedule B (8), NEPM (Assessment of Site Contamination), as Amended, pp 16-19.

WA DEC, 2006. Community Consultation Guideline, Contaminated Sites Management Series, pp 17-20.

续表

| 分组技术 | 描述 | 优点 | 缺点 |
|---|---|---|---|
| 研讨会 | 让参与者分享关注点和技能，结构化的会议旨在鼓励参与者公开讨论，并提出关于解决方案的建议 | ① 为所有参与者提供做贡献的机会；<br>② 一种灵活的技术，可用于参与计划的所有阶段；<br>③ 可提供一个用于测试替代方案、信息收集传播、接收反馈、改进意见的平台 | ① 可能无法用到最"正确"的专家；<br>② 参与者可能没有充分的准备；<br>③ 专家可能主导和限制讨论 |
| 上午/下午茶聊会议 | 当地社区的小型会议，通常在个人家中举行 | ① 轻松的环境有利于有效对话；<br>② 提供最大限度的双向沟通 | 需要投入大量人力去接触很多人 |
| 小型会议 | 与现有团体或利益相关方相关的小型会议 | 提供在没有威胁的环境中深入交流信息的机会 | ① 可能会过于挑剔；<br>② 可能忽略重要利益相关方的利益 |
| 个人技术 | | | |
| 个人讨论 | 通过打电话、开会和家访对选定的某个人进行咨询，咨询前应先进行安全风险分析 | ① 快速有效地传播信息、识别问题和观点的方法；<br>② 为从业者/顾问提供机会，了解如何更好地与特定利益相关方沟通；<br>③ 适用于机密重要的情况 | ① 为利益相关方提供的参与流程的机会有限；<br>② 无法进行大规模的思想交流；<br>③ 多次单独讨论可能很耗时 |
| 征求意见 | 在社区中收集信息和建立联系的方法 | 对社区有透彻理解，为利益相关方的参与做准备 | 通常只适用于在参与阶段的早期信息收集 |
| 调查 | 对利益相关方样本进行结构性质疑，在统计学上，应能代表全部人员或部门，用于收集有关客观特征或态度的信息 | ① 为分析特定社区的特征、记录提案可能存在的影响，以及衡量公众对提案的反应提供数据；<br>② 为不太可能直接参与的个人提供参与机会 | ① 参与者之间的讨论少，没有互动；<br>② 受访者可能对主题无动于衷并需要说服；<br>③ 形成具有统计学意义的结果可能需要大量劳动力，成本高；<br>④ 可被视为公共关系/营销工具；<br>⑤ 对于邮寄调查，回复率通常很低 |
| 展览 | 向利益相关方移动或永久性地展览传播信息的手段，如果想寻求回应或给出详细解释，那么可以配备相关人员 | ① 有机会通知并与可以直接与从业者/顾问交谈的社区成员会面；<br>② 展示对参与者做出的承诺 | 可能成本高昂且效率低下，特别是利益相关方可能认为问题不重要 |
| 印刷信息 | 定期向家庭分发或向主要公共机构的利益相关方提供的信息公报，包括情况说明书、新闻通讯和小册子 | ① 提供有关项目的持续信息；<br>② 可以覆盖大量受众；<br>③ 应附上评论表，便于书面答复 | ① 需要一个有效的邮件列表，以确保信息到达所有利益相关方；<br>② 难以在简短的新闻通讯中传达有关复杂概念的信息；<br>③ 受助人的知识和英语水平限制了信息的有效性；<br>④ 群发邮件可能被视为垃圾邮件，或可能会被忽略 |

续表

| 分组技术 | 描述 | 优点 | 缺点 |
|---|---|---|---|
| 现场办公 | 为执行参与计划而聘请的顾问提供临时办公室 | ① 为顾问提供便利的基础条件，以便其在该地区工作并建立联系；<br>② 满足一些利益相关方对个人关注问题的需求 | ① 利益相关方之间无互动；<br>② 可能代价高昂；<br>③ 如果单独使用，则整体参与过程的价值有限 |
| 热线 | 提供信息并记录评论、关注点和建议的电话服务 | ① 可以轻松直接地访问信息；<br>② 信息流是受控且一致的；<br>③ 易于提供最新的信息；<br>④ 方便存在住所不确定性问题的利益相关方访问信息 | ① 除非热线以不同语言提供或提供翻译服务，否则非英语背景的人无法访问；<br>② 指定的联系人必须承诺并准备好及时准确的回复 |
| 网站 | 通过交互式网站传播信息，旨在为感兴趣的利益相关方提供信息 | ① 覆盖大量受众；<br>② 让利益相关方知情；<br>③ 网站可快速更新；<br>④ 允许人们访问大量信息并提供反馈 | ① 仅适用于有权访问具有互联网连接的计算机用户；<br>② 老人、非英语背景的人等少数群体无法使用；<br>③ 如果不能有效管理，那么可能导致信息过载 |

本节围绕参与方法和技术提供了大量的指导意见，虽然对于有些技术没有专门针对污染地块进行探讨，但本节提供的参与方法侧重于技术本身，即从业者能够根据自己的目的进行调整。

# 第六章 典型案例

本章选取澳大利亚和新西兰污染地块管理和修复方面的案例,进一步阐述澳大利亚和新西兰的污染地块管理实践,详细介绍如何选择加油站污染地块、烃类污染地块、挥发性氯代烃污染地块和甲基苯丙胺实验室污染地块的评估方法、管理流程和修复方案。

## 第一节 新南威尔士州加油站污染地块的评估与管理

新南威尔士州是澳大利亚经济最发达的州之一,该州关于污染地块管理的立法较为成熟,部分管理导则为新西兰所引用。截至 2018 年,新南威尔士州有 30 000 多个污染地块,大多是由工业化学品存储、处理处置不当导致的,许多大型复杂污染地块曾有以下用途:重工业(如煤气厂/冶炼厂)、农业(如使用持久性化学物质处理牲畜的浸泡厂)、商业(如加油站/干洗店的化学品的存储区)[7]。新南威尔士州环境保护局 2014 年发布的技术报告中指出,新南威尔士州大约有 2 200 个加油站①。截至 2020 年年底,环境保护局通报了 1 805 个污染地块,其中 203 个需要监管,在监管的污染地块中,有 139 个已修复;1997~2020 年年底,环境保护局声明属于严重污染的地块中,用途为加油站的占 47%、其他石油工业的占 6%、化学工业的占 8%、其他行业的占 20%,加油站和其他石油行业污染地块已占监管地块的 53%[15]。因此,本节以加油站污染地块为例,介绍其评估和管理流程。

新南威尔士州加油站污染地块的风险评估以《国家环境保护措施》②为基础,其调查值和筛选值以《国家环境保护措施》附表 B2 为依据,所有评估按照《污染地块管理法 1997》规定下环境保护局制定/批准的导则/指南来开展,并由《国家环境保护措施》附表 B9 所述的合格、有经验、有能力的人员执行。加油站污染地块评估的基本流程如图 6-1 所示。

### 一、地块的初步调查

地块的初步调查通常是收集地块特征信息,如地块位置、当前/历史土地活动、地块布局、建筑施工、地质/水文环境、潜在污染源和途径等。《国家环境保护措施》附表 B2 推荐地块初步调查的信息还包括以下内容。

---

① NSW EPA, 2014. Technical Note: Investigation of Service Station Sites.
② NEPM: National Environment Protection (Assessment of Site Contamination) Measure 1999 (Amended 2013).

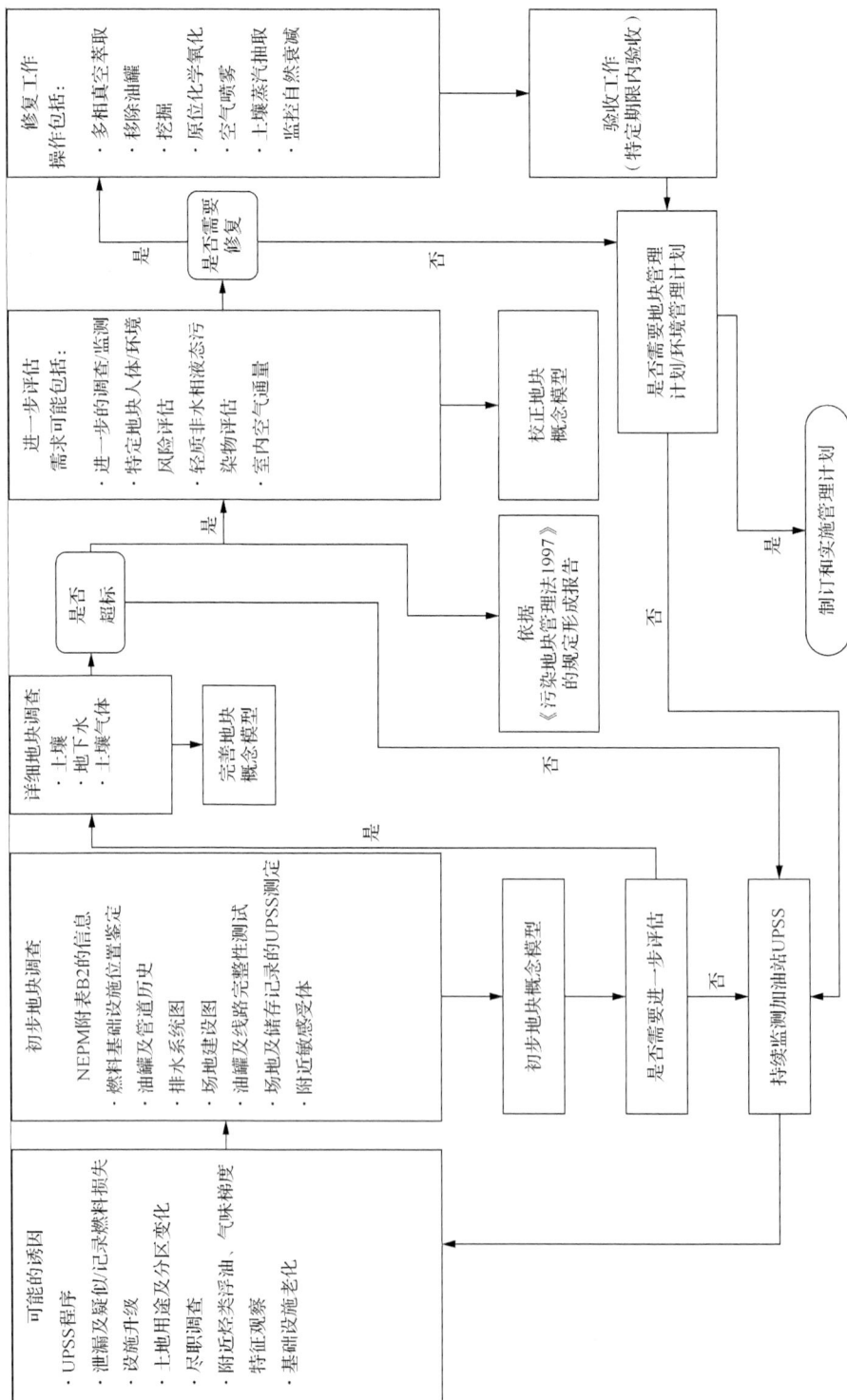

图 6-1　加油站污染地块评估的基本流程

1）所有现存及以前存放的油罐、管线、分配器、灌装点、车间及废物处理位置。

2）油罐和管道信息，如建造方法、油罐的使用时间、阴极维护等相关细节、产品的记录或废弃物泄漏记录等。

3）关于地块管理及维护计划的数据信息。

4）地块排水信息，包括拦截器或地上接合板拦截器、污水坑（地下混凝土环绕的油罐）、油/水分离器等污染控制系统图。

5）邻近管道坑槽和基础设施的相关信息，如雨水、下水道、气体、电信管道和有关电的附属建筑物等与污染物迁移有关的路径。

6）地块的竣工图。

7）历史航拍照片，用于对比地块在时间上的变化。

8）之前事故和设备的记录。

9）危险物品记录。

## 二、绘制概念模型

概念模型用于标识与地块相关的污染源、污染受体及暴露途径。加油站污染地块概念模型如图 6-2 所示。根据收集的初步调查信息绘制地块概念模型，初步概念模型应包含的关键信息如下。

1）已知潜在的污染源和污染问题，包括污染原因（如自上而下的污染物泄露或从被腐蚀的油罐和管道释放污染物）。

2）潜在污染（如土壤、沉积物、地下水、地表水、室内环境空气）。

3）人群及生态受体。

4）潜在的及完整的污染物暴露途径。

## 三、潜在污染物识别

与加油站处理和储存燃料相关的典型潜在污染物包括：石油烃类（从 $C_6$ 到 $C_{40}$）、苯、甲苯、乙苯、二甲苯、萘、燃料添加剂（如乙醇、甲基叔丁基醚、铅[①]）、挥发性有机化合物（如己烷、庚烷、环己烷、三甲苯）。其他物质也可能导致加油站的二次污染，具体有以下几种。

1）多环芳烃（PAHs）、酚类化合物（可能来自废煤油/柴油罐）。

2）酸（可能储存的废电池）。

3）石棉、重金属、氯化物溶剂（可能来自车间的溶剂）。

4）磷酸盐、油、油脂（可能来自洗车场的溶剂）。

---

① 澳大利亚从 2002 年开始逐步淘汰含铅燃料。

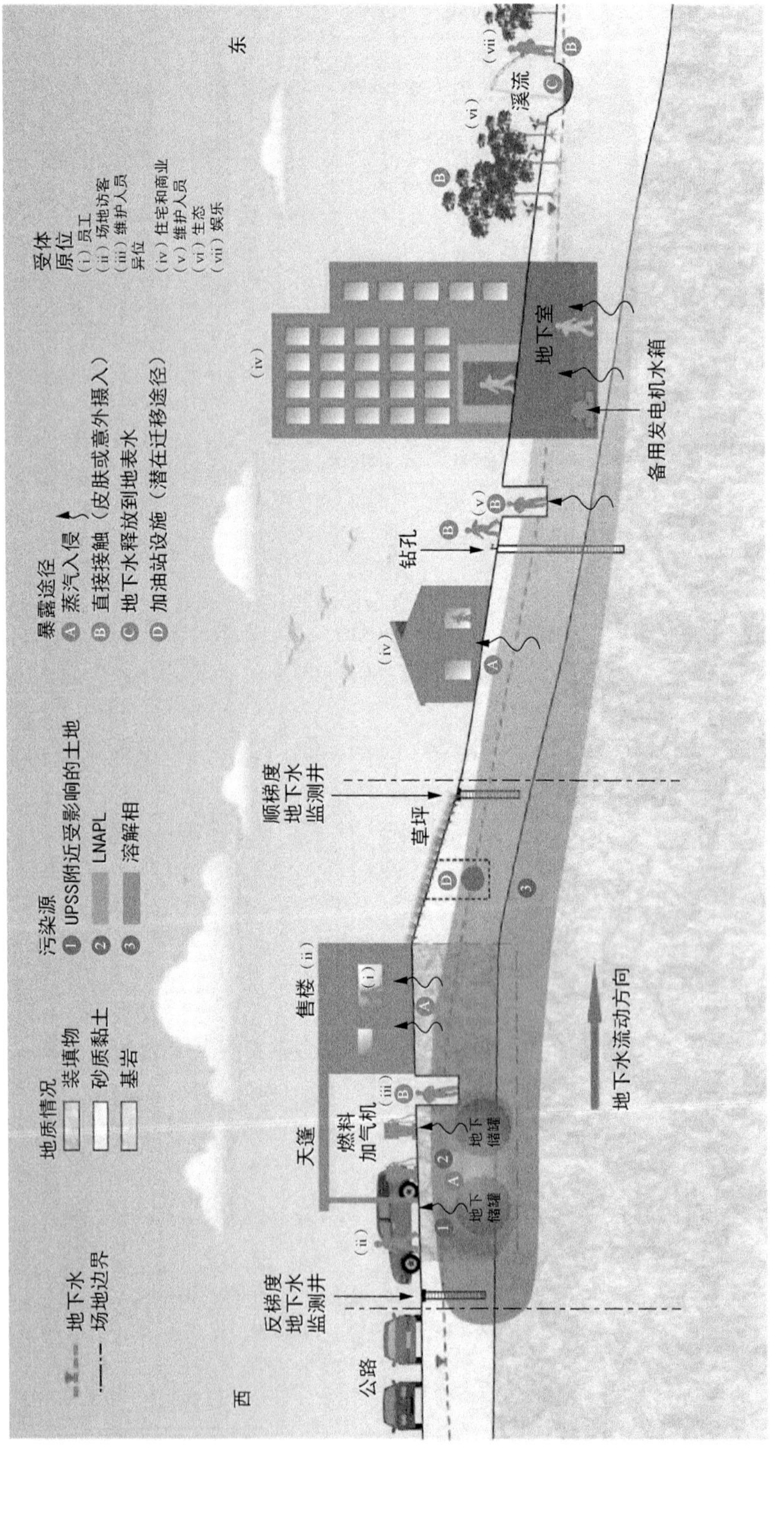

图 6-2 加油站污染地块概念模型

地块评估人员还应注意未知来源填充材料的潜在污染,如使地块保持水平或抬升时使用的填充物质或旧的油罐掩体。在填充材料中可能存在污染物,包括金属(Pb、Cd、Cr、Zn、Hg、As)、苯、甲苯、乙苯、二甲苯、有机氯杀虫剂和多氯联苯等。

## 四、详细地块调查

在进行详细地块调查时,通常会细化在地块初步调查中绘制的初步概念模型,并建立潜在的源—途径—受体联系。选择采样点应以地块初步调查时收集的信息为依据,如果已确定潜在污染区域/污染源位置,则根据 NEPM 附表 B3 中概述的方法进行采样分析。在详细调查阶段应识别污染物的性质、了解污染物横向及纵向的污染程度,以便进行适当程度的风险评估。如果有必要,则为进一步的修复或管理策略提供基础信息。在详细地块调查阶段采用的方法有钻孔法、土壤和地下水蒸气监测井安装法、探坑法。这一阶段可能需要法定批准程序,如监测井安装许可、地方政府对公共土地调查的批准。详细地块调查结束后,评估/测试初步概念模型数据的误差/不确定性,进一步完善概念模型。

根据《污染地块顾问报告导则》中的概述,对所有评估项目都应采用数据质量目标(data quality objectives,DQOs)和采样分析质量控制,详细的 DQOs 过程参照《国家环境保护措施》附表 B2。

## 五、采样分析质量控制

为确保采样数据有代表性、做出可靠的地块评估结果,应采用采样分析质量控制(详细的采样分析质量控制过程参照《国家环境保护措施》附表 B2)。应在地块评估前与利益相关方、现场工作人员、实验人员协商制订采样计划。设计采样分析质量控制时,必须考虑减轻采样的潜在安全/环境危害(如在道路上/地下基础设施相邻的地方安装监测井时必须解决健康/安全/安保/环境问题),还应考虑可能发生的意外情况。在采样分析质量控制中应概述以下内容。

1)地块调查过程中的质量保证(quality assurance,$Q_A$)和质量控制(quality control,$Q_C$)。

2)数据质量指标(data quality indicators,DQIs)。

3)调查值被评估人员所接受的过程。

4)实验室数据的 $Q_A/Q_C$ 过程。

在土壤采样期间,进行现场筛选时要使用有机气体分析仪。采用光电离检测器(photo ionization detector,PID)筛选须进行实验室分析。来自有机气体分析仪的数据仅作为定性分析信息,因此必须有实验室的数据作为支持。用有机气体分析仪对土壤样品进行现场筛选时应遵循顶空法(headspace method),尽量减少挥发物的损失。

### 六、加油站污染地块的修复

根据新南威尔士州相关立法和导则，燃料基础设施、储罐、管线的拆除和维修工作必须由合格的承包商承担。相关的澳大利亚标准、适用的工作健康和安全法规参考《危险货物储存和运输适用规范 2005》（Storage and Handling of Dangerous Goods Code of Practice 2005）。污染地块评估和清除的目标参照《澳大利亚和新西兰污染地块评估和管理导则》来制定，即应呈现一个可接受且具有长期安全性的地块，使地块及周边环境/健康风险最小化，使地块未来用途最大化。

修复策略应考虑所选修复方案技术的可行性、指定修复目标浓度、修复方案的环境影响等因素，还应考虑修复对空气、水质、噪声水平、废物管理、社区的影响等。适当移除冗余基础设施后，常用的加油站污染地块修复方案有：①土壤和地下水原位修复，如多相真空萃取、土壤蒸汽抽取和空气喷射、注射药物增强自然降解过程；②土壤和地下水异位修复，如封闭式生物修复池、带有排放控制装置的抽水处理系统，若存在高浓度挥发性有机化合物，则应采用强化生物修复；③用许可使用的废物处理设施对土壤进行场外控制修复；④监测自然衰减等。

### 七、加油站修复地块的验收

验收旨在确认修复目标是否已达到修复行动计划（remedial action plan）的要求。当 UPSS 退役、废弃、移除时，必须准备一份确认地块适合继续使用的验收报告。必须在修复工作/验收完成后的 60 天内将报告提交给地方政府（通常是地方委员会，Local Council）。在验收报告中须证明 UPSS 地块没有受到不可接受的污染。

## 第二节　基于成本效益和可持续性分析的修复方案选择

本节介绍的案例具体情况（污染场所、污染性质、选项和结果）源于澳大利亚实际的污染地块[①]。

### 一、烃类污染地块评估

在车辆维修站及其储存场发现土壤和地下水污染，且污染已超过特定地块基于风险的修复目标，因此需要对地块进行修复。

---

① Guideline on Performing Cost-Benefit and Sustainability Analysis of Remediation Options, CRC CARE National Remediation Framework, CRC for Contamination Assessment and Remediation of the Environment, Appendix E－Case Studies，以下简称 CB&SA 导则。

　　该地块目前被用作重型车辆的维修仓库和堆存地块，该地块的南面是更大面积的堆存地块和行政办公楼，这些都为土地所有者所拥有。在土地所有者购买土地之前，该地块曾用于煤焦油和炼油工业活动，这些历史活动造成了现场浅层土壤和地下水烃类污染，如煤焦油污染。通过排水通道将水排入河流，并将该地块由北向南分割。这个排水通道曾经是一条天然小溪，但已回填了土壤与建筑类混合物的填充材料。由于土壤和地下水污染，烃类已通过排水通道进入河流。因此，环境保护局向土地所有者下达清理通知，要求其清理进入排水通道的污染物及地块中土壤和地下水受到的污染，并指定了一位审核员。

　　在针对环境保护局的清理通知采取行动前，土地所有者聘请环境顾问制订修复行动计划，其中包括修复方案的成本效益分析①（cost-benefit analysis，CBA）和可持续性分析②（sustainability analysis，SA）。土地所有者希望该土地可以继续用作重型车辆维修站。该地块的修复方案选择过程如下。

1. 确定问题和目标

　　在确定问题和目标时，环境顾问向土地所有者询问表 6-1 中概述的问题。

表 6-1　审议项目的制约因素

| 问题 | 回答 |
|---|---|
| 是否有特殊的修复清理目标 | 是。在现场调查过程中，已完成人体健康和生态风险评估，规定了为保护人体健康和环境必须满足的土壤和地下水浓度限值 |
| 哪些必须与联邦政府、州政府/地区政府的法律、法规和政策相符合 | 《国家环境保护方法（污染地块评估）》、联邦政府和州政府/地区政府的导则、地方议会的可持续性政策 |
| 是否有时间限制 | 是。环境保护局在清理通知中指定了一个日期，在此日期内必须开展修复活动 |
| 是否有预算限制 | 无固定的预算 |
| 是否有社会、时效或环境限制 | 否 |
| 修复方案是否必须由污染地块审核员签字，或是否必须遵守审核报告 | 是。要求审核员参与到环境调查与修复过程中。此外，清理后的污染物浓度必须达到 HHRA（human health risk assessment，人体健康风险评估）规定的水平 |
| 利益相关方是否同意以上观点 | 是 |

　　① 成本效益分析是一种经济决策方法，通过比较项目的全部成本和效益来评估项目价值，以寻求在投资决策上以最小成本来获得最大收益。本节采用的成本效益分析方法是净现值法，即将所有的成本和效益按照一定的贴现率折算为成本现值和效益现值，如果效益现值减去成本现值后大于零，则表明投资项目可行。

　　② 可持续性分析是对某一特定活动的环境、经济和社会影响进行的综合检验，如果满足当前需求，同时不损害后人满足其自身需求的能力，则具有可持续性。

| 问题 | 回答 |
| --- | --- |
| 是否存在特定地块的限制（如自然遗址和生态保护区） | 地块紧邻河流，因此人体和水生生态系统都是本项目所关注的受体 |
| 是否存在特定的商业限制（如可持续发展政策、宣传或公共关系） | 否 |

在与环境保护局和土地所有者讨论后，制定修复目标如下：使地块的土壤和地下水达到将地块继续用作重型车辆维修站的标准；保护邻近河流的水质；保护邻近地块用户（行政大楼内）的人体健康；恢复地下水清洁；在遵守国家指导方针和法规的同时，在技术和实践上采取最具有可持续性的修复方案。

2. 修复方案和土地利用选项

作为修复行动计划的一部分，环境顾问对在技术和实践上可用于修复污染的方案进行了审查。土壤修复方案包括生物修复、热脱附、土壤稳定化、异位处理、土壤蒸汽萃取和原位热脱附。地下水修复方案包括原位控制、原位热脱附和多相抽提。在这些修复方案中，基于选择可同时进行土壤和地下水修复方案的原则，确定了 8 种修复方案以供进一步分析：①修复地下水采用原位控制技术，修复土壤采用生物修复技术；②修复地下水采用原位控制技术，修复土壤采用异位修复技术；③修复地下水采用原位热脱附技术，修复土壤采用异位生物修复技术；④修复土壤和地下水均采用原位热脱附技术；⑤修复地下水采用多相抽提技术，修复土壤采用异位生物修复技术；⑥修复地下水采用多相抽提技术，修复土壤采用异位处理技术；⑦修复地下水采用多相抽提技术，修复土壤采用原位热脱附技术；⑧基本方案，对地块继续当前的利用方式，但要对地下水进行定期检测。

3. 识别并吸引关键利益相关方

在本次污染调查评估阶段，识别出的利益相关方有土地所有者、地方议会、环境保护局、污染地块审核员、污染地块顾问、河流管理局。另外，土地所有者与污染地块环境顾问讨论后，又列出以下在审查修复方案时需要考虑的利益相关方：政府环境官员（负责监督企业遵守法规）、会计（负责财务）、厂务经理（facility manager，负责地块的利用）。

环境顾问与每个利益相关方就修复影响的关键问题进行了讨论，得出以下结论：将"利用表面活性剂提高产品回收率和化学氧化效率"的修复方案列入当前的修复方案选项中；厂务经理担心即使附近的设施可以在短时间内停留车辆，关闭该地块也会对公司业务造成影响；而政府环境官员担心一些备选修复方案不适用于该地块的地质条件。

## 4. 识别评估指标

根据修复目标、利益相关方参与结果，确定了以下阈值指标：符合人体健康风险评估标准、符合生态标准、符合法规要求、具有长期有效性和持久性。根据修复目标、利益相关方参与结果，确定以下绩效指标：成本（修复成本和持续运营成本）、修复活动产生的气味、修复活动产生的噪声、重型车辆移动、地块恢复正常使用的时间、二氧化碳排放量。

根据 CB&SA 导则，污染地块环境顾问检查了所选指标清单是否包含每个类别（包括社会指标、环境指标和经济指标 3 个类别，其中社会指标有修复活动产生的气味、修复活动产生的噪声、重型车辆移动等，环境指标有二氧化碳排放量等，经济指标有地块恢复正常使用的时间等）中的至少一个指标。确定绩效指标没有充分考虑修复措施对环境的影响，因此经环境顾问和决策者[①]讨论后，将二氧化碳排放量作为环境指标。

## 5. 选项的初步审查

对确定阈值指标的修复方案进行评估，发现修复方案③、⑤、⑥和⑦满足绩效指标的要求。基于无法达到所有阈值指标的要求，对备选方案①、②、④、⑧不做进一步的评估。

## 6. 数据收集和分析

环境顾问量化了修复方案的绩效指标，其度量单位如表 6-2 所示。

表 6-2　量化修复方案绩效指标的度量单位

| 绩效指标 | 度量标准 |
|---|---|
| 成本 | 澳元 |
| 修复活动产生的气味 | 1~5 级主观评估；5 级没有明显气味，1 级有难以忍受的气味 |
| 修复活动产生的噪声 | 分贝 |
| 重型车辆移动 | 修复过程中重型车辆到地块的次数 |
| 地块恢复正常使用的时间 | 天数 |
| 二氧化碳排放量 | 以二氧化碳的吨当量来计算 |

通过这些度量单位将成本货币化，并使用成本效益进行评估。对其余未量化的指标采用多准则分析（multi-criteria analysis，MCA）进行评估，最后将结果整

---

① 环境顾问和决策者是编制修复行动计划成本估算的重要成员，环境顾问确认决策者可授权批准项目，而可授权批准项目的决策者通常是土地所有者指定的项目总监。

合到 CB&SA 导则中①，以便与客户沟通。

在数据收集过程中，评估了修复方案③、⑤、⑥和⑦的修复成本（包括修复成本和持续维护成本），同时评估了非货币化指标（气味等级、噪声分贝、重型车辆移动数量、二氧化碳排放量和修复时间）的定性和定量结果。数据收集后，环境顾问将结果反馈给土地所有者，并与利益相关方讨论相关问题。对讨论的问题，每个利益相关方都填写了权重表格，最后将这些权重结果输入成本效益分析和可持续性分析工具中，以进行最终的分析。

### 7. 基于货币指标的成本效益分析

环境顾问选择将贴现率应用于成本效益分析②，根据建议的违约率，选择 7% 作为贴现率，而对于灵敏度分析，选择使用的最高贴现率和最低贴现率分别为 4% 和 10%。通过计算得出方案③、⑤、⑥和⑦的净现值③，如表 6-3 所示。从表 6-3 的结果可以看出：在 7% 贴现率下方案⑦的净现值最低，且显著低于方案⑤；方案的排名受贴现率变化的影响。根据这些意见，环境顾问认为修复方案⑦是基于成本效益分析的首选方案。

表 6-3　不同贴现率下各方案的净现值

单位：澳元

| 净现值 | 方案③ | 方案⑤ | 方案⑥ | 方案⑦ |
|---|---|---|---|---|
| 7%贴现率下的净现值 | −8 178 168 | −5 725 018 | −11 404 650 | −3 741 000 |
| 4%贴现率下的净现值 | −8 105 687 | −5 652 537 | −11 404 650 | −3 741 000 |
| 10%贴现率下的净现值 | −8 256 245 | −5 803 095 | −11 404 650 | −3 741 000 |

环境顾问有信心在数据收集过程中确保得出的成本估算结果是可靠的。由于方案⑦大幅度优于方案⑤，所以环境顾问在与决策者协商后选择不做进一步的灵敏度分析。

### 8. 进行多准则分析并整合成本效益分析结果

针对非货币化指标进行多准则分析，且将成本效益分析的结果纳入多准则分析。不同修复方案的社会、环境和经济指标效果如表 6-4 所示。

---

① 多准则分析及将结果合并到 CB&SA 导则中的详细过程参考 CB&SA 导则 Section 5。

② CRC CRAE A. Development of Remediation Action Plan — A5.1 Guideline on Performing Cost-Benefit and Sustainability Analysis of Remediation Options 和 A5.2 Cost-Benefit and Sustainability Analysis Tool (macro-enabled MS Excel file).

③ 净现值（net present value，NPV）= 收益（benefit）−成本（cost）。

表6-4　不同修复方案的社会、环境和经济指标效果

| 指标 | | 单位 | 择优取向 | 方案③ | 方案⑤ | 方案⑥ | 方案⑦ | 最优 | 最差 |
|---|---|---|---|---|---|---|---|---|---|
| 效益净现值 | | 澳元 | 高 | 8 178 168 | 5 725 018 | 11 404 650 | 3 741 000 | 3 741 000 | 11 404 650 |
| 社会指标 | 修复活动产生的气味 | 1～5级 | 高 | 3 | 3 | 4 | 5 | 3 | 5 |
| | 修复活动产生的噪声 | 分贝 | 低 | 76 | 76 | 81 | 82 | 76 | 82 |
| | 重型车辆移动 | 总次数 | 低 | 150 | 150 | 300 | 20 | 20 | 300 |
| 环境指标 | 二氧化碳排放量 | 排放量 | 低 | 21 | 22 | 28 | 15 | 15 | 28 |
| 经济指标 | 地块恢复正常使用的时间 | 天数 | 低 | 90 | 1 095 | 1 095 | 1 095 | 90 | 1 095 |

注：方案③，地下水—原位热脱附，土壤—异位生物修复；方案⑤，地下水—多相抽提，土壤—异位生物修复；方案⑥，地下水—多相抽提，土壤—异位处置；方案⑦，地下水—多相抽提，土壤—原位热脱附。

　　主观评分是环境顾问根据以往的项目经验确定的，代表了环境顾问对各修复方案效果的最佳估计。通过讨论，每个利益相关方给出每个指标的分配权重并计算出共识权重，结果如下：总体上，社会指标被认为是最重要的，共识权重为37%；净现值是最重要的单一指标，共识权重为24.7%；气味被认为是最不重要的指标，共识权重为9.6%。然后环境顾问根据共识权重来计算每个方案的多准则分析评分，结果表明，方案⑦的总体多准则评分为77.9，是基于多准则分析的首选方案；其次是方案⑤，多准则分析评分为57.2。

　　虽然多准则分析确定了首选方案，但是环境顾问对多准则分析依旧进行了灵敏度分析，以增强结果的可信度。环境顾问根据测试方案排名的一致性程度和所提供的权重来检测多准则分析结果。结果表明，无论采取哪种权重，方案⑦都是首选方案。为了进一步测试多准则分析的灵敏度，环境顾问还将权重从0%增加到100%来进行测试。结果表明，方案⑦的多准则分析评分随着赋予净现值指标权重的增加而增加，且无论净现值指标权重如何增加，方案⑦都是首选。

　　9. 报告结果

　　在将成本效益分析和可持续分析结果告知土地所有者之前，环境顾问给出的结论和建议包括：方案⑦是基于成本效益分析的首选项；方案⑦也是基于综合成本效益分析结果的多准则分析的首选项；敏感度分析证实，无论采取哪种指标权重，且无论净现值指标的权重如何变化，方案⑦都是首选方案；建议根据分析结果选择方案⑦。在呈现以上分析结果后，土地所有者团队确定采用方案⑦对地块进行修复。

## 二、挥发性氯代烃污染地块评估

通过前期现场环境调查已确定该地块建筑物下的污染物为挥发性氯代烃类化合物。初步调查结论如下：挥发性氯代烃类化合物污染是由在现场进行干洗操作导致的，在操作过程中发生了氯化溶剂的泄漏。

挥发性氯代烃类化合物的主要组分为四氯乙烯，它已垂直扩散到地平面以下约 10 米处，侧向扩散尺寸约为 20 米×30 米。该地块目前为商业/工业用地，但位于住宅区内。该地区的土壤深度约为 15 米，地下水在裂缝性页岩基岩层约 20 米处。

该土地的所有者希望在 18 个月内出售该土地，且不存在环境负债，从而使该土地能够被重新开发，用于标准住宅建设。在环境调查中已进行了人体健康风险评估，结论是鉴于当前的土地布局和使用情况，根据建筑物内的四氯乙烯蒸汽计算，浅层土壤中的挥发性氯代烃对未来该地块的居民、用户存在潜在的不可接受的风险。考虑到地下水的深度，环境顾问认为地下水目前的污染风险是最低的，而室内蒸汽风险是制订修复方案的主要考虑因素。

土地所有者希望采取的预防措施是进行修复，包括了解修复土壤所需的成本和效益，处理深度建议为 6 米。土地所有者建议在成本合理的前提下优先采用创新技术。在进行了人体健康风险评估后，环境顾问参与制订了修复行动计划，并将成本效益分析作为评估修复方案的一部分。

1. 确定项目目标和问题，与决策者合作

环境顾问确认授权批准该项目的最终决策者是土地所有者提名的项目总监。环境顾问与项目总监讨论并确认了项目的目标，分析了可能影响项目修复的制约因素及假设，如表 6-5 所示。

表 6-5　项目制约因素及假设

| 问题 | 回答 |
| --- | --- |
| 是否有具体的地块修复清理目标 | 是。地块修复后用作低密度住宅用地 |
| 哪些必须与联邦政府和州政府/地区政府的法律、法规和政策相符合 | 联邦政府和州政府/地区政府不同的导则和法规，地方议会的可持续性政策 |
| 是否有时间限制 | 对住宅用地的修复（包括验收和现场审核员批准）须在 18 个月内完成，以便出售 |
| 是否有预算限制 | 无固定预算，但修复成本应低于预期的出售价格 |
| 是否有社会、时效或环境限制 | 土地所有者想采取预防性的措施进行修复，即将修复措施扩展到人体健康风险评估所建议的 6 米深度以上。考虑到从现在开始到未来土地有许多潜在用途，以及所关注污染物毒理学的潜在变化，按照最大的影响程度进行计算 |

续表

| 问题 | 回答 |
|------|------|
| 修复方案是否必须由污染地块审核员签字，或是否必须遵守审核报告的要求 | 是。要求审核员参与环境调查与地块修复 |
| 利益相关方是否同意以上观点 | 是。对整个项目的调查阶段进行记录 |
| 是否存在特定地块的限制（如遗址和生态保护区） | 地块位于现有住宅区内，因此存在噪声、灰尘和气味等方面的限制条件 |
| 是否存在特定的商业限制（如可持续发展政策、宣传或公共关系） | 是。公司所有者坚持可持续发展战略，并对未来几代人的潜在需求感兴趣 |

根据这些信息，环境顾问与项目总监讨论后制定了以下目标声明：一是在18个月内使该土地成为合格的住宅用地；二是采用的修复技术具有可持续性，在修复技术具有现实可操作性的同时，适当考虑成本及相关的国家导则和法规；三是考虑地块附近的居民。

2. 污染土壤修复技术选项

环境顾问对修复选项进行了识别，以确定该修复方案在技术上的可行性。污染土壤修复技术选项包括：①原位土壤与零价铁/泥浆混合；②原位热脱附；③异位处理；④挖掘和排气设施；⑤开挖后进行化学氧化处理；⑥开挖后进行快速石灰土搅拌混合；⑦基本方案没有修复措施，持续监测室内蒸汽和地下水。

3. 识别并吸引关键利益相关方

在污染评估调查阶段，确定了以下利益相关方：土地所有者（项目总监）、地方议会、环境保护局、地块环境顾问、审核员、附近居民。为了让利益相关方参与进来，项目总监与利益相关方进行了一次会谈，以选择修复方案，并强制利益相关方提出考虑的重要问题，最终邀请的利益相关方有项目总监（决策者）、政府环境官员、财务官员、公关经理、政府环境和规划官员、监管官员、土地环境顾问、审核员、社区代表。

4. 识别评估指标

基于利益相关方参与会议，确定了该地块修复方案选择的阈值指标：符合人体健康风险评估标准、符合监管要求、在规定时间内完成、具有持续性。以下绩效指标是利益相关方参与过程的一部分：修复资金成本、运营成本（包括工人、设备租用、验收成本和处置成本）、修复活动产生的气味、修复活动产生的噪声、重型车辆移动、修复活动期间二氧化碳排放量。根据导则和公司的可持续发展政策，项目小组检查了选定的指标清单，包括环境指标和经济指标两个方面。

### 5. 选项的初步审查

环境顾问根据阈值指标对土壤和地下水修复方案进行初步审查。根据对所确定的阈值指标对修复选项进行评估，结果如下：方案②、⑤和⑥符合阈值指标要求，因此将其保留以供进一步评估；方案①、③、④和⑦未达到要求，因此将不对其做进一步评估。

### 6. 数据收集和分析

作为数据收集的一部分，环境顾问进行了分析和概念设计，以及工程概算并收到了承包商的报价。这样环境顾问就可以量化除气体之外的所有绩效指标。确认修复成本和运营成本（repair costs and operating costs）。

数据收集的结果证实，每个修复方案选项的修复成本和运营成本都可以实现货币化。通过实现货币化，对成本效益分析进行评估。对其余未定量化的指标采用多准则分析进行评估，最后将结果整合到成本效益分析和可持续分析中，以便与客户沟通。以上的成本估算基于地面以下 6 米的修复工程，在进行成本估算时，如果需要修复更深的土壤，则会增加成本估算的难度。

### 7. 基于货币指标的成本效益分析

环境顾问选择将贴现率应用于成本效益分析。考虑到土地的出售价对于每个修复方案选项都是相同的，项目总监认为货币收益（即出售土地的收益）不应作为成本效益分析的一部分。通过计算可以得出，方案⑥的净现值（−873 832）最低，方案⑤的净现值（−1 731 308）最高。根据这些意见，环境顾问认为方案⑥是基于成本效益分析的首选方案。

### 8. 进行多准则分析并整合成本效益分析结果

主观评分是环境顾问根据以往的项目经验和讨论制定的，代表了环境顾问对各项选择的最佳估计。通过参与者确定指标的客观权重及计算所得每个指标的共识权重，可以得到以下结论：净现值是最重要的指标，共识权重为 32.5%；其次为气味，共识权重为 17.9%；再次为噪声，共识权重为 17.2%；最后是重型车辆移动，共识权重为 12.3%。环境顾问将计算得出的共识权重与成本效益分析结果的归一化得分相比较，结果表明：方案②的多准则分析得分最高，为 56.0；其次是方案⑥，得分为 54.1。因此，方案②是基于多准则分析的首选方案。

考虑到不同分析结果的差异，环境顾问决定对结果进行灵敏度分析，以确认最终的选择并测试一些因素对首选方案选择的影响。分析结果表明：二者的实质是非货币效益（方案②）和货币效益（方案⑥）之间的权衡。因此，环境顾问通过将多准则分析结果的权重从 0%调整为 100%来进行测试，发现方案②的多准则分析得分随着净现值权重的增加而降低，相比之下，方案⑥在多准则分析得分持续增加时，更注重净现值指标。

9. 报告结果

在将成本效益分析和可持续分析结果告知项目总监前,环境顾问的建议包括:方案⑥是仅基于成本效益分析结果的首选项;无论贴现率是高还是低，抑或是假设运营成本增加 30%（如土地修复深度大于 6 米）或石灰价格上涨，方案⑥都是首选项;多准则分析结果显示修复方案②是首选项,然而方案②只略高于方案⑥;灵敏度分析表明，方案②的多指标分析得分随净现值权重的增加而降低，方案⑥的多指标分析得分则随净现值权重的增加而升高;根据总的多指标分析得分，当赋予净现值的权重大于 35%时，方案⑥为首选方案。

综合以上分析，决策者确定选择方案⑥为首选方案，虽然方案⑥在多指标分析得分中低于方案②，但也只是略低，并不是最差的。因此，作为一种折中方案，采用方案⑥时部分节省下来的资金将用于降低方案⑥在实施过程中对社区的干扰。

## 第三节　新西兰甲基苯丙胺实验室污染地块

在新西兰，甲基苯丙胺属于 A 类受控物。这种药物具有非常高的环境风险，因此新西兰对非法进口、制造、销售和持有甲基苯丙胺的人员均处以严厉惩罚。2003 年，在媒体推动下，新西兰政府发起了"甲基苯丙胺行动计划"。该计划提出了一系列减少化学品市场供应和需求的措施，其中包括甲基苯丙胺秘密实验室的鉴定和清除。秘密实验室指可能/已经用于非法合成、制造受控物/化学品的房屋/地块。私人住宅、汽车旅馆、公寓、船、车辆、露营地和商业设施等均可能被用来非法合成甲基苯丙胺。在这些秘密实验室中，有的实验室只能通过使用相当简单的化学技术提取大麻油等前体药品，而有的实验室则可以完成在技术方面难度较大的大规模、工序复杂的操作。新西兰的甲基苯丙胺秘密实验室成为持续出现的环境问题之一。

### 一、甲基苯丙胺实验室的危害与环境风险

甲基苯丙胺实验室具有极大的危害和环境风险。首先，甲基苯丙胺秘密实验室对与它接触的受控物制造者和任何可能居住/访问该场所的人具有很大的风险。现场存在的化学危险品，如液体/固体/气体形式的爆炸性、易燃、有毒、放射性和

腐蚀性物质，会对服务人员、社会人员和处理废物的操作人员造成潜在危害。其次，在用于制造非法受控物的实验室设备和化学品被移除后，残留污染物仍会存在于地块中。由于甲基苯丙胺生产过程中的泄漏和挥发性污染物的沉积，这种污染可能进入空气、各种建筑表面、家具、通风系统、墙壁、土壤和排水管中。这些残留污染物如果不能被充分消除，则可能持续存在，从而引起公共卫生和环境问题。

## 二、甲基苯丙胺实验室环境风险的控制

可通过两种途径控制甲基苯丙胺实验室的环境风险：一是控制可能造成化学危险品暴露风险的行动和事件；二是去除/接近控制永久性化学危险品的暴露危害。考虑到民众对风险的感知，必须评估多种减少风险的方案，并分析每个方案的社会、经济和文化影响。

地块修复属于风险控制的第二种途径，甲基苯丙胺实验室地块修复包括安全净化，通风，高效微粒空气吸尘，清除并修复污染材料、空调的加热与通风设施，修复地块的管道系统、下水道及污水处理系统，拆除和封装无法修复的污染建筑等。另外，通过采集并分析土壤和地下水来评估可能存在的污染，以确定是否需要进行实验室外的地块修复。甲基苯丙胺污染地块修复流程如图 6-3 所示。修复活动将产生固体废物，如家具、电器等。对于所有产生的固体废物，必须根据相关的法律法规或区域委员会关于废物管理的处置规定，在批准的填埋场填埋。为确定最终的废物处置方式，可能需要进行相关的测试。此类测试应由在危险废物立法和处置等方面接受过培训的专业人员进行。

当修复结束后需要验收地块，验收时需要对地块进行修复评估与检测，以确定污染物浓度是否低于可接受的水平。地块修复评估与检测包括地块资料搜集、采样分析、编制调查报告等；地块资料搜集包括总挥发性有机化合物筛选、pH 测定、碘筛查试验等。其中，对化学气味、非家用化学品、土壤/水污染迹象（如死去的植被、土壤扰动、土壤变色和倾倒化学品）等信息须特别关注。地块资料搜集完成后开始采样与分析工作，此项工作必须由独立于修复公司的第三方完成。在正式采样前须将地块物品移走，通告污染风险，并做财产担保。采样测试后若发现地块污染未被消除，则须给出修复建议，经第三方修复公司修复后再进行抽样调查。若修复后抽样结果表明地块污染物浓度低于可接受的水平，则编制报告说明该地块适合再次使用。

一般情况下，根据未来土地用途、危险识别、暴露评估、毒性评估和风险描述确定健康土壤的验收标准。其中，土地用途是关键因素，对土地用途的选择须根据农业/园艺、标准住宅、高密度住宅、商用/工业、公用地块/娱乐用地这 5 种类型来确定。

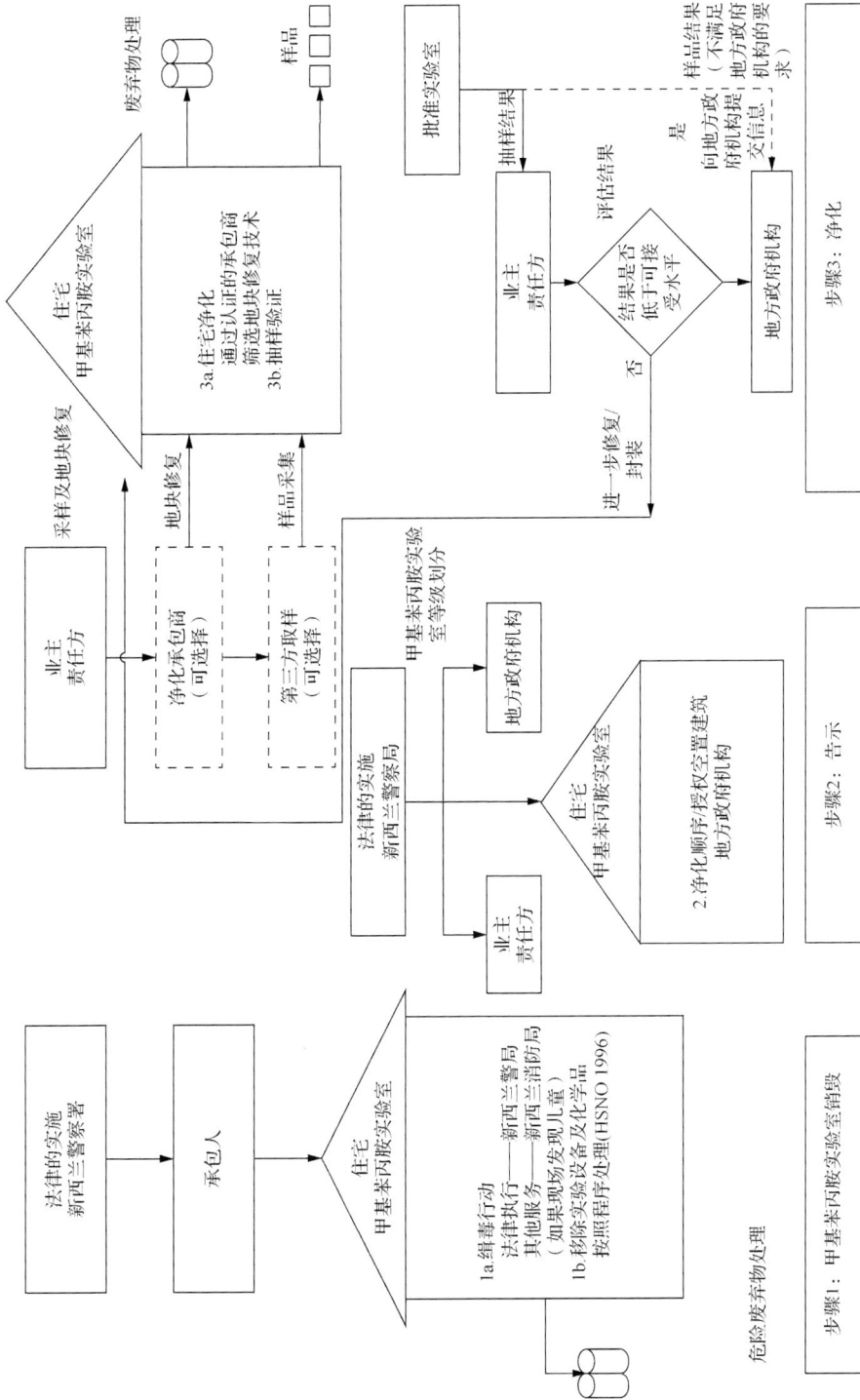

图 6-3 甲基苯丙胺污染地块修复流程

# 第七章　我国污染地块管理框架

随着工业的发展，我国污染地块数量不断增多。一些重污染企业遗留地块的土壤和地下水受到严重污染，环境安全隐患突出。2004 年 6 月，国家环境保护总局在《国家环境保护总局办公厅关于切实做好企业搬迁过程中环境污染防治工作的通知》中要求，具有省级以上质量认证资格的环境监测部门对原址土地进行监测分析，依据监测评估报告确定土壤功能修复实施方案，当地政府环境保护部门负责土壤功能修复工作的监督管理。这标志着我国污染地块环境监管工作的正式启动。

## 第一节　污染地块管理相关法律法规、标准和导则

国务院于 2016 年 5 月 28 日印发了《土壤污染防治行动计划》（以下简称《行动计划》）。在《行动计划》中提出，到 2020 年，全国土壤污染加重趋势得到初步遏制，土壤环境质量总体保持稳定，农用地和建设用地土壤环境安全得到基本保障，土壤环境风险得到基本管控；到 2030 年，全国土壤环境质量稳中向好，农用地和建设用地土壤环境安全得到有效保障，土壤环境风险得到全面管控；到本世纪中叶，土壤环境质量全面改善，生态系统实现良性循环。《行动计划》中从 10 个方面提出了实现土壤环境质量全面改善、生态系统实现良性循环的任务，因此也被称为"土十条"。颁布实施《行动计划》是党中央、国务院推进生态文明建设、坚决向污染宣战的一项重大举措，是系统开展土壤污染治理的重要战略部署，对确保生态环境质量改善、各类自然生态系统安全稳定具有重要作用。

《污染地块土壤环境管理办法（试行）》于 2016 年 12 月 27 日由生态环境部部务会议审议通过，自 2017 年 7 月 1 日起施行，其主要规定了以下监管程序：地块土壤环境调查与风险评估；污染地块风险管控及污染地块治理与修复；要求污染地块相关责任人制订风险管控方案并移除或者清理污染源，防止污染扩散；对需要开发利用的地块开展治理与修复，防止对地块及周边环境造成二次污染。

《工矿用地土壤环境管理办法（试行）》于 2018 年 4 月 12 日由生态环境部部务会议审议通过，自 2018 年 8 月 1 日起施行，其适用对象是土壤环境污染重点监管单位（以下简称"重点单位"），包括有色金属冶炼、石油加工、化工、焦化、电镀、制革等行业中依据《固定污染源排污许可分类管理名录（2019 年版）》应当被纳入排污许可重点管理的企业，有色金属矿采选、石油开采行业规模以上企

业及其他根据有关规定应被纳入土壤环境污染重点监管单位名录的企业事业单位。该办法旨在防止工矿企业生产经营活动对工矿用地造成污染，即重在防止出现新的污染地块，防止工矿企业经营活动产生的废水、废气及固体废物等对周边环境造成污染。它充分体现了从土壤污染源头预防、风险管控全过程监管的工作思路。

《中华人民共和国土壤污染防治法》于 2018 年 8 月 31 日由第十三届全国人民代表大会常务委员会第五次会议通过，自 2019 年 1 月 1 日起实施。该法规定了落实土壤污染防治的各方责任，建立了土壤污染责任人制度、土壤污染防治管理制度、土壤有毒有害物质的防控制度、土壤污染的风险管控和修复制度及土壤污染防治基金制度，对预防与治理污染土壤，提高对土壤的可持续利用，实现经济、社会与环境的协调发展具有重要意义。另外，在一些综合性立法中，也对土壤污染防治工作做出了具体规定，其中既有全国性的法律法规，也有地方性的法规。

在我国 1989 年制定并于 2014 年 4 月修订的《中华人民共和国环境保护法》（以下简称《环境保护法》），对涉及土壤污染方面的问题做出了相关规定。例如，该法第三十二条规定："国家加强对大气、水、土壤等的保护，建立和完善相应的调查、监测、评估和修复制度。"第四十二条规定："排放污染物的企业事业单位和其他生产经营者，应当采取措施，防治在生产建设或者其他活动中产生的废气、废水、废渣、医疗废物、粉尘、恶臭气体、放射性物质以及噪声、振动、光辐射、电磁辐射等对环境的污染和危害。"第四十九条规定："各级人民政府及其农业等有关部门和机构应当指导农业生产经营者科学种植和养殖，科学合理施用农药、化肥等农业投入品，科学处置农用薄膜、农作物秸秆等农业废弃物，防止农业面源污染。禁止将不符合农用标准和环境保护标准的固体废物、废水施入农田。施用农药、化肥等农业投入品及进行灌溉，应当采取措施，防止重金属和其他有毒有害物质污染环境。"

在 2014 年修订的《环境保护法》中，既制定了一些新的制度，如生态保护红线、环境健康风险评估、生态补偿制度，又对一些老的制度（如环境影响评价制度）进行了调整和完善，保障和促进了土壤污染防治工作。同时，该法也对土壤污染防治做了一些具体的规定，使土壤污染防治工作有法可依、有章可循。

在一些专门性的法律法规中，如《中华人民共和国固体废物污染环境防治法》《中华人民共和国水污染防治法》《中华人民共和国防沙治沙法》《中华人民共和国大气污染防治法》《中华人民共和国环境保护税法》《中华人民共和国放射性污染防治法》等，也有一些规定与土壤污染防治相关，这些规定旨在控制土壤污染的来源，预防污染物进入土壤给生产和生活带来危害。另外，还有一些法律法规从制度上为具体实施土壤污染防治提供了保障，如《中华人民共和国清洁生产促进法》《中华人民共和国环境影响评价法》《中华人民共和国农产品质量安全法》《中华人民共和国土地管理法》，这些法律法规对土壤环境的改善起到了积极的作用，促进了土壤污染防治法律体系的形成和完善。

　　根据《中华人民共和国土壤污染防治法》，为保护生态环境，保障人体健康，加强污染地块环境监督管理，规范地块环境调查，规范污染地块人体健康风险评估及土壤修复与风险管控，制定了一系列污染地块技术标准与导则。我国现行污染地块技术标准汇总如表7-1所示。这些标准和导则规定了我国污染地块环境调查、监测、风险评估与修复的原则、内容、程序与技术要求等。

表 7-1　我国现行污染地块技术标准汇总

| 标准编号 | 标准名称 | 发布部门 | 实施日期 |
|---|---|---|---|
| HJ 25.1－2014 | 场地环境调查技术导则 | 环境保护部 | 2014-07-01 |
| HJ 25.2－2014 | 场地环境监测技术导则 | 环境保护部 | 2014-07-01 |
| HJ 25.3－2014 | 污染场地风险评估技术导则 | 环境保护部 | 2014-07-01 |
| HJ 25.4－2014 | 污染场地土壤修复技术导则 | 环境保护部 | 2014-07-01 |
| HJ 682－2019 | 建设用地土壤污染风险管控和修复术语 | 环境保护部 | 2019-12-05 |
| HJ 25.5－2018 | 污染地块风险管控与土壤修复效果评估技术导则（试行） | 生态环境部 | 2018-12-29 |
| HJ 1019－2019 | 地块土壤和地下水中挥发性有机物采样技术导则 | 生态环境部 | 2019-09-01 |
| CJ/T 486－2015 | 土壤固化外加剂 | 住房和城乡建设部 | 2016-04-01 |
| DB11/T 1278－2015 | 污染场地挥发性有机物调查与风险评估技术导则 | 北京市质量技术监督局 | 2016-03-01 |
| DB11/T 1279－2015 | 污染场地修复工程环境监理技术导则 | 北京市质量技术监督局 | 2016-03-01 |
| DB11/T 1280－2021 | 建设用地土壤污染修复方案编制导则 | 北京市质量技术监督局 | 2022-01-01 |
| DB11/T 1281－2015 | 污染场地修复后土壤再利用环境评估导则 | 北京市质量技术监督局 | 2016-03-01 |
| DB11/T 1311－2015 | 污染场地勘察规范 | 北京市质量技术监督局 | 2016-07-01 |
| DB11/T 656－2019 | 建设用地土壤污染状况调查与风险评估技术导则 | 北京市质量技术监督局 | 2019-10-01 |
| DB11/T 783－2011 | 污染场地修复验收技术规范 | 北京市质量技术监督局 | 2011-07-01 |
| DB11/T 811－2011 | 场地土壤环境风险评价筛选值 | 北京市质量技术监督局 | 2011-12-01 |
| DB11/T 1281－2015 | 污染场地修复后土壤再利用环境评估导则 | 北京市质量技术监督局 | 2016-03-01 |
| DB33/T 892－2022 | 建设用地土壤污染风险评估技术导则 | 浙江省质量技术监督局 | 2023-01-19 |
| DB50/T 724－2016 | 污染场地治理修复验收评估技术导则 | 重庆市质量技术监督局 | 2017-01-01 |
| DB50/T 725－2016 | 场地环境调查与风险评估技术导则 | 重庆市质量技术监督局 | 2017-01-01 |
| DB33/T 2128－2018 | 污染地块治理修复工程效果评估技术规范 | 浙江省质量技术监督局 | 2018-08-17 |

　　土壤环境质量标准既是评价我国土壤环境质量的主要依据，也是土壤污染识别与判断的主要依据。1995年，我国发布了《土壤环境质量标准》（GB 15618－1995）（已失效），主要涉及土壤应用功能、保护目标及土壤主要性质，制定了三级标准。《土壤环境质量标准》（GB 15618—1995）已无法满足土壤环境管理的需

要，且其主要针对农业用地，难以应用于建设用地，因此我国将《土壤环境质量标准》（GB 15618—1995）修订为《土壤环境质量 农用地土壤污染风险管控标准（试行）》（GB 15618—2018）和《土壤环境质量 建设用地土壤污染风险管控标准（试行）》（GB 36600—2018）。

总体来说，现阶段我国对污染地块的管理思路主要基于用地功能和人体健康风险，将土地分为农用地和建设用地①。对于农用地，根据确定的筛选值、管控值和食品安全值开展风险识别和评估，按风险等级将其划分为优先保护类、安全利用类和严格管控类并进行分类管理；对于建设用地，根据筛选值和管控值开展风险筛查和风险分级，建立污染地块名录及开发利用负面清单，并按功能进行风险管理。

然而，目前我国污染地块环境管理仍然面临一些问题，如现有地块调查技术导则仍难以满足复杂地块的调查精度、风险评估过于保守、修复技术导则须进一步完善、修复过程和修复效果评估等相关技术导则仍须精细化。因此，我国应借鉴国际上土壤环境管理、土壤污染修复过程中的监管经验与教训，建立基于多证据、多层次的风险评估和管理体系，从污染物在环境中的归趋和健康效应等角度，评估地块的真实风险，根据不同性质地块开展不同层次的风险评估及风险管控，逐步构建污染地块精细化监管体系。

# 第二节　污染地块修复流程

《中华人民共和国宪法》第二十六条对修复和改善土壤环境做出了相应规定："国家保护和改善生活环境和生态环境，防治污染和其他公害。"这体现了国家政策要求，为相关立法提供了根本依据。《环境保护法》第三十二条规定："国家加强对大气、水、土壤等的保护，建立和完善相应的调查、监测、评估和修复制度。"这原则性地规定了国家鼓励投保环境污染责任保险。《中华人民共和国土壤污染防治法》中规定了土壤污染风险管控和修复制度、土壤修复基金制度和各方责任等。

2014年，生态环境部发布的《污染场地术语》（HJ 682—2014）（已废止）中提出了污染地块的概念：对潜在污染场地进行调查和风险评估后，确认污染危害超过人体健康或生态环境可接受风险水平的场地。对建设用地土壤污染风险管控和修复名录中需要实施修复的地块，土壤污染责任人应当结合土地利用总体规划和城乡规划编制修复方案。根据《污染场地土壤修复技术导则》（HJ 25.4—2014）编制污染地块土壤修复方案的流程如图 7-1 所示。该导则同时规定应将修复方案报地方人民政府环境主管部门备案并实施；修复方案应当包括地下水污染防治的

---

① 生态环境部环境保护对外合作中心环保技术国际交流合作部. 姜林: 基于用地功能和环境风险的中国污染地块管理——在国际土壤污染防治管理与技术分享专题论坛的报告[EB/OL]. （2018-06-13）[2021-12-11]. http://www.sohu.com/a/235655028_99899283.

内容；修复活动完成后，土壤污染责任人应当另行委托有关单位对风险管控效果、修复效果进行评估，并将效果评估报告报地方人民政府环境主管部门备案。

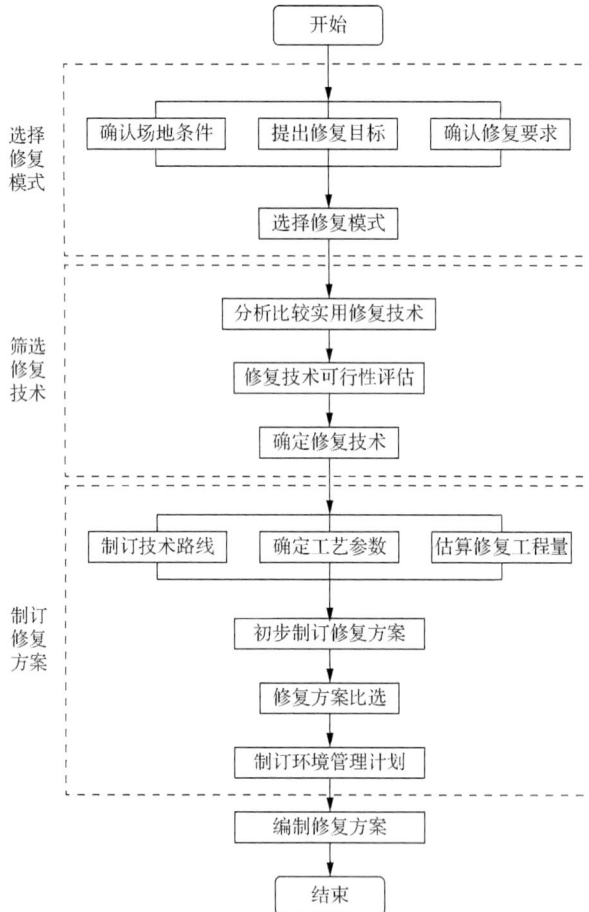

图 7-1　编制污染地块土壤修复方案的流程

## 第三节　污染地块融资机制

目前，我国污染地块的修复资金来源较为单一，主要包括政府、污染责任企业、地块开发商等。我国污染地块土壤修复融资制度主要有污染地块修复基金制度、环境污染责任保险制度、污染地块修复保证金制度。

## 一、污染地块修复基金制度

我国污染地块修复基金被称为"土壤污染防治专项资金"，是以政府为主导的专项基金，因此中央财政拨款在该资金份额中占很大比例，是该基金的基础性来源。政府对污染地块的修复资金主要来源于 3 个方面：用于生态建设和环境污染治理的财政支出、政府管理的排污费、因污染地块所在地段价格上涨而带来的收益。财政部和环境保护部于 2016 年印发了《土壤污染防治专项资金管理办法》，该专项资金是 2016～2020 年为推动落实《土壤污染防治行动计划》有关任务、促进土壤环境质量改善，由中央财政一般公共预算安排的专项用于土壤污染综合防治的资金。该专项资金重点支持范围包括：土壤污染状况调查及相关监测评估；土壤污染风险管控；污染土壤修复与治理；关系到我国生态安全格局的重大生态工程中的土壤生态修复与治理；土壤环境监管能力提升及与土壤环境质量改善密切相关的其他内容。该专项资金采取因素法或项目法分配，每年具体分配方式由财政部和环境保护部综合考虑年度预算、资金使用效益、工作开展需求等因素确定[①]。2018 年，财政部下达土壤污染防治专项资金 35 亿元[②]。2019～2023 年，该专项资金累计下达金额为 206 亿元[③]。总体来看，我国污染地块修复资金的管理模式是以政府为主导的独立核算体系，其修复资金的来源过度依赖政府，特别是中央财政，没有稳定的支付体系，仍难以形成可持续发展的市场机制和商业模式[16]。

## 二、环境污染责任保险制度

环境污染责任保险，又称为环境责任保险，是指投保人以被保险人因环境污染而对第三人依法应负的环境赔偿责任或修复责任为保险的一种险种。环境保护部发布的《环境保护部、中国保监会关于开展环境污染强制责任保险试点工作的指导意见》（环发〔2013〕10 号）中明确规定环境污染责任保险是强制性责任险，并对该保险适用的企业范围做出规定，对责任范围、保险费率和责任限额做出明确的说明。尽管自 2007 年以来环境污染责任保险的发展取得一定进展，但其承保范围依然较狭窄，在污染地块修复工作中未得到应有的重视。

## 三、污染地块修复保证金制度

我国环境保护领域的保证金种类很多，包括矿山地质环境治理恢复保证金、"三同时"保证金、稻秆禁烧保证金、河长保证金、节能减排保证金、扬尘污染防治保证金等。污染地块修复保证金制度已在一些地方初步建立起来。例如，试行

① 《财政部关于印发〈土壤污染防治专项资金管理办法〉的通知》（财资环〔2019〕11 号）。
② 《财政部关于下达 2018 年土壤污染防治专项资金预算的通知》（财建〔2018〕654 号）。
③ 其中，2019 年为 50 亿元，2020 年为 40 亿元，2021 年为 28 亿元，2022 年为 44 亿元，2023 年为 44 亿元。

污染地块修复履约保证金制度，规定由环境损害赔偿义务人支付保证金，如果未按时完成污染地块修复工作，则保证金将用于污染地块修复，以保障赔偿协议的履行。

# 第四节　污染地块责任机制

关于污染地块责任的相关规定在我国各类法律及规范性文件中都有涉及，如《中华人民共和国侵权责任法》《中华人民共和国环境保护法》等综合性法律，以及《中华人民共和国固体废物污染环境防治法》《中华人民共和国土壤污染防治法》等单行法律。在部门规章方面，环境保护部于 2016 年发布了《污染地块土壤环境管理办法（试行）》，生态环境部与自然资源部于 2021 年联合印发了《建设用地土壤污染责任人认定暂行办法》。

依据《中华人民共和国侵权责任法》的规定，因污染环境造成危害的，污染者应当承担侵权责任；因污染环境发生纠纷，污染者应当就法律规定的不承担责任或者减轻责任的情形及其行为与危害之间不存在因果关系承担举证责任；两个以上污染者污染环境，污染者承担责任的大小，根据污染物的种类、排放量等因素确定；因第三人的过错污染环境造成危害的，被侵权人可以向污染者请求赔偿，也可以向第三人请求赔偿，污染者赔偿后，有权向第三人追偿。

《中华人民共和国环境保护法》明确规定，因污染环境和破坏生态造成危害的，应当依照《中华人民共和国侵权责任法》的有关规定承担侵权责任。这肯定了"谁污染、谁治理"的基本原则。

就责任主体来看，在土壤专项法律出台前，环境污染的责任主体主要为企事业单位，而土壤环境具有不同于水环境、大气环境的特征，因此法律对其责任主体并没有单列规定，这使得土壤污染难以进行有效防治。只规定污染行为人作为土壤污染的责任主体远远不能满足土壤污染防治的需求，这就需要在土壤污染防治的法律法规中扩展责任主体，实现责任主体的多元化、具体化。

就责任形式来看，在土壤专项法律出台前，环境污染的民事责任、行政责任和刑事责任没有形成体系。在民事责任方面，赔偿范围小，没有体现对环境生态价值逸失的赔偿额度；由于土壤污染侵权赔偿的巨额性，有时出现"判而不偿"的现象，但相关法律在这一问题的解决举措方面缺乏规制。在行政责任、刑事责任方面，土壤污染防治相关法律法规无特别规定，这与当前严峻的土壤污染形势不适应。

《中华人民共和国土壤污染防治法》秉承了"污染者担责"的主要原则，针对农用地确立了以政府责任为主的制度，对建设用地确立了由土壤污染责任人、土地使用权人和政府顺序依次承担防治责任的制度框架。《污染地块土壤环境管理办法（试行）》中明确了"污染者担责"原则，规定造成地块土壤污染的单位或者个人应当承担环境调查、风险评估、风险管控或治理与修复的主体责任。造成地块土壤污染的单位和个人无法认定的，由土地使用权人承担相应的主体责任。责任主体发生变更的，由变更后继承其债权、债务的单位或者个人承担相关责任；土地使用权依法转让的，由土地使用权受让人或者双方约定的责任人承担相关责任。土地使用权已经收回、责任主体灭失或者责任主体不明确的，由所在地县级人民政府依法承担相关责任。同时，各地也在逐步探索"受益者付费原则"。《建设用地土壤污染责任人认定暂行办法》适用于行政主管部门行使监督管理职责过程中，建设用地土壤污染责任人不明确或者存在争议时的土壤污染责任人认定活动。土壤污染责任人认定由建设用地所在地设区市的生态环境主管部门会同同级自然资源主管部门负责，跨设区市的建设用地土壤污染责任人认定由省级生态环境主管部门会同同级自然资源主管部门负责。该办法还明确规定土壤污染责任人无法认定的，建设用地使用权人应当实施土壤污染风险管控和修复。我国污染地块修复责任规范体系如表 7-2 所示。

　　总的来说，目前我国规定了责任人认定的范围，提出了共同担责的主要原则，但暂未就共同担责方式及责任分配机制制定更加详细的实施细则。

表 7-2　我国污染地块修复责任规范体系

| 规范层级 | 规范名称 | 责任认定相关内容 |
|---|---|---|
| 法律 | 《中华人民共和国侵权责任法》 | 环境污染责任人承担无过错责任，举证责任倒置 |
| | 《中华人民共和国环境保护法》 | 第三十二条原则性规定了国家建立与完善土壤修复制度 |
| | 《中华人民共和国水污染防治法》 | 该法原则性规定了地下工程活动应防止地下水污染。按照污染者付费的原则，罗列了违反规定的行为须承担的行政责任，规定由县级以上地方人民政府环境保护主管部门负责，督促违法者限期治理并缴纳罚款，逾期将代为治理 |
| | 《中华人民共和国固体废物污染环境防治法》 | 第五条规定了固体废物的污染者负担的原则，包括产品的生产者、销售者、进口者或使用者；涉及相关责任人的违法行为及关于危险废物的特殊规定 |
| | 《中华人民共和国土壤污染防治法》 | 规定了一切单位和个人都有防止土壤污染的义务，应当对可能污染土壤的行为采取有效预防措施，防止或者减少对土壤的污染，并对所造成的土壤污染依法承担责任；特别规定了土地使用权人有保护土壤的义务，针对农用地确立了以政府责任为主的制度，对建设用地确立了由土壤污染责任人、土地使用权人和政府顺序承担防治责任的制度 |
| 行政法规 | 《土地复垦条例》 | 第三条确定了"谁损毁，谁复垦"的原则，规定复垦义务人为单位或个人，明确了在责任人无法确定的情形下，由地方政府负责的原则 |

| 规范层级 | 规范名称 | 责任认定相关内容 |
|---|---|---|
| 部门规章 | 《污染地块土壤环境管理暂行办法（试行）》 | 作为主要参考依据，对污染地块做出概念界定，引入调查制度与风险评估理念，并对污染地块治理、修复及监督管理规定了详细的制度与技术安排 |
| | 《建设用地土壤污染责任人认定暂行办法》 | 适用于建设用地土壤污染责任人不明确或者存在争议时的土壤污染责任人认定活动；提出在土壤污染责任人无法认定的情况下，由建设用地使用权人实施土壤污染风险管控和修复 |

# 第八章　澳大利亚、新西兰污染地块管理实践对我国的启示

我国针对污染地块的管理工作仍处于探索阶段，需要逐步完善相关责任追究的法律法规；而澳大利亚和新西兰经过多年的摸索与发展，已经建立了较为完善的污染地块管理体系。本章通过对澳大利亚、新西兰污染地块管理实践进行研究及比较分析，为我国污染地块的管理提供参考和借鉴，并为我国污染地块管理体系的建立提供依据。

## 第一节　我国与澳大利亚、新西兰污染地块管理实践的对比

我国涉及土壤污染防治的法律法规较多，但专门针对污染地块管理的立法工作仍处于起步阶段，随着土壤污染问题的日益突出，相关法律法规也逐步得到完善。澳大利亚和新西兰经过多年的摸索与发展已建立了较为完善的污染地块管理体系，不仅有较为完善的法律法规和技术规范作为指导，还有完善的争端解决制度。我国与澳大利亚新南威尔士州、新西兰污染地块管理实践的对比如表 8-1 所示。

表 8-1　我国与澳大利亚新南威尔士州、新西兰污染地块管理实践的对比

| 管理实践 | 我国 | 澳大利亚新南威尔士州 | 新西兰 |
|---|---|---|---|
| 污染地块定义 | 因用于生产、经营、使用、储存有毒有害物质，堆放或处理处置有害废弃物及矿山开采等活动，而受到污染的土地 | 物质在土壤中、土地上或土地下的浓度高于该物质在同一地点通常存在的浓度，并且表现出对人体健康或环境有潜在的危害或风险 | 其内或其表包含了危险物质，并且有可能对环境（包括人体健康）产生不利影响的土地 |
| 管理体制 | 国务院环境保护主管部门对全国土壤污染防治工作实施统一监督管理；地方人民政府环境保护主管部门对所辖区域内土壤污染防治工作实施统一监督管理；县级以上地方人民政府农业、国土资源、住建等主管部门在各自职责范围内对土壤污染防治工作实施监督管理 | 联邦政府对各州/地区的环境与资源保护事宜进行总体规划和协调，并对国际和国内的环境问题承担责任。联邦政府与州政府/地区政府通过协商合作的方式来实现环境发展规划，而州政府/地区政府与地方政府之间采取直接干预的方式实施环境规划 | 新西兰环境部制定环境和评估标准，提供污染地块管理导则，在污染地块问题上对地方政府起着领导作用，并对污染地块修复基金进行管理 |

续表

| 管理实践 | 我国 | 澳大利亚新南威尔士州 | 新西兰 |
|---|---|---|---|
| 管理程序 | 调查评估启动；<br>土壤环境初步调查；<br>土壤环境详细调查；<br>污染风险评估；<br>治理与修复；<br>效果评估与监督管理 | 发现污染地块；<br>初步调查；<br>执行管理令（详细评估和修复措施）；<br>持续维护措施 | 污染地块筛选系统；<br>初步调查；<br>详细评估；<br>修复措施；<br>持续维护措施 |
| 追责机制 | 谁污染，谁治理；修复基金；环境污染责任保险；污染地块保证金；地方人民政府有关部门对因承担的土壤污染状况调查、风险评估、风险管控和修复活动而支出的费用，有权向污染责任人追偿 | 能够确定污染者且污染者有偿付能力，依据"污染者付费"原则；无法确定污染者或者污染者没有偿付能力，该土地的实际控制人承担必要的治理费用；解决历史污染问题，以"所有者责任"和"占有者责任"为理论基础 | 参考澳大利亚新南威尔士州：污染者付费；受益者付费；所有者和占有者付费；抵押人和委托人付费；污染地块修复基金 |
| 管理依据 | 《中华人民共和国土壤污染防治法》《污染地块土壤环境管理暂行办法（试行）》 | 《国家环境保护（污染地块评估）措施》《污染地块管理法1997》 | 《资源管理法1991》《污染地块管理导则》 |

# 第二节　污染地块追责机制

## 一、制定污染地块追责机制应以可持续发展为基本原则

我国现阶段关于污染地块修复责任的相关法律法规有《中华人民共和国土壤污染防治法》《土壤污染防治法行动计划》《污染地块土壤环境管理办法（试行）》，具体规定为"谁污染，谁治理"[①]；污染者和土地使用权人是污染地块的责任人；划分了污染者和土地使用权人在土壤修复中的责任，当污染行为责任人不明时，由土地使用权人承担修复责任[②]。综上所述可以看出，土地使用权人的责任为开展疑似污染地块和污染地块的相关工作，但其担责范围和程度较模糊，且土地占有

---

[①] 《土壤污染防治法行动计划》第二十一条规定，明确治理与修复主体。按照"谁污染，谁治理"原则，造成土壤污染的单位或个人要承担治理与修复的主体责任。责任主体发生变更的，由变更后继承其债权、债务的单位或个人承担相关责任；土地使用权依法转让的，由土地使用权受让人或双方约定的责任人承担相关责任。责任主体灭失或责任主体不明确的，由所在地县级人民政府依法承担相关责任。

[②] 《污染地块土壤环境管理办法（试行）》第九条规定，土地使用权人应当按照本办法的规定，负责开展疑似污染地块和污染地块相关活动，并对上述活动的结果负责；第十条规定，按照"谁污染，谁治理"原则，造成土壤污染的单位或者个人应当承担治理与修复的主体责任。责任主体发生变更的，由变更后继承其债权、债务的单位或者个人承担相关责任。土地使用权依法转让的，由土地使用权受让人或者双方约定的责任人承担相关责任。责任主体灭失或者责任主体不明确的，由所在地县级人民政府依法承担相关责任。土地使用权终止的，由原土地使用权人对其使用该地期间所造成的土壤污染承担相关责任。土壤污染治理与修复实行终身责任制。

者、土地管理者、土地实际使用人等主体的责任未被明确划分。

澳大利亚与新西兰污染地块责任认定机制借鉴了美国超级基金法的一些做法，如确立了"污染者付费"原则，规定不同当事人（在法律上被定义为"潜在责任方"）承担修复被污染地块的责任，授权环境保护部门可以强制任一潜在的责任方支付地块的修复费用，地块修复费用和责任的分担将在各潜在责任方之间进行。

澳大利亚建立了比超级基金法更为严谨的污染地块追责机制，但像超级基金法一样，该追责机制的负面效应是引起了大量法律诉讼，使小型企业承受了极重的诉讼负担，且州政府/地区政府和当地社区的参与不充分（主要行动由联邦政府负责），降低了实施效率。此外，潜在的责任方可能承担无限的且不确定的责任，这使得投资者和开发商望而却步，造成很多地块被闲置，无法进入开发程序，最终变成"棕地"。

因此，近年来新西兰在追责机制中强调污染责任认定的可持续性，综合考虑环境、健康和经济等因素，使政府、企业、个人有能力承担地块管理责任。同时，地块管理的追责不能仅靠某个组织或部门的力量，政府部门、社会团体、科研机构甚至个人，都应在法律规范下发挥各自的作用。各部门之间的协同、职权划分和权利限制是追责机制系统化、精细化的必要基础。

**二、研究适用可行的责任分配因子与分配方法**

责任分配因子与分配方法的确立是追责机制建立的基础。责任分配既应考虑污染责任比例、污染管理步骤中的资金投入等因素，又应考虑污染物的产生时间和危害程度、责任人在污染形成过程中获得的利益、责任人是否采取了积极的应对措施、责任人是否主动向监管部门报告、责任人是否遵守了相关法律等。责任分配的方法主要有 4 种：自愿分配、调解分配、定向分配及共同承担连带责任。在某种情境下采取何种分配方法、由哪个机构仲裁等，是责任分配的核心问题，因此应进一步加强研究。

# 第三节　污染地块修复的资金来源

**一、污染地块修复的保证金制度**

污染地块修复的保证金制度是指根据"污染者付费"原则，为了防止污染责任人逃避环境治理责任，让一些可能对地块造成污染的企业在前期缴纳一定数额的资金作为土壤污染修复的保证金，从而约束企业在生产经营过程中的行为。若企业对地块造成污染且逾期不履行修复义务或修复不达标，则政府可以扣除该企业的保证金。由有关部门使用该保证金进行污染地块的治理和修复，并要求企业承担修复责任和其他危害赔偿责任。若企业未对地块造成污染，或污染地块经修复后验收合格，则政府应足额退还该企业保证金。为了保证污染地块治理的有效性，返还保证金需要一个滞后期。

根据企业生产经营状况、污染物对环境的威胁综合评估来确定企业缴纳的保证金数额，一般保证金高于污染地块的修复费用。企业根据自身经济实力既可以一次性足额缴清保证金，又可以在一定期限内分期缴纳。地块修复保证金由各地方的地税部门负责收取，同级财政部门进行专户储存管理，做到专款专用。财政、审计等部门对保证金的提取和使用等情况进行监督。在管理部门的监管下，通过市场运作让有能力、有资质的单位利用保证金进行污染地块修复。

随着我国待修复污染地块数量的增多，目前修复资金融资渠道有限，筹集污染地块修复资金成为当务之急。因此，探索污染地块修复保证金制度，可在一定程度上缓解该问题，同时可督促企业在生产经营过程中加强土壤环境保护。

## 二、环境债权的优先权

如果企业法人申请破产，则我国法律规定破产财产在优先清偿破产费用和共益债务后，依照下列顺序清偿：①破产人所欠职工的工资、医疗伤残补助、抚恤费用，应当被划入职工个人账户的基本养老保险、基本医疗保险费用，以及法律、行政法规规定的应当支付给职工的补偿金；②破产人欠缴的除前项规定外的社会保险费用和税款；③普通破产债权。破产财产不足以清偿同一顺序清偿要求的，按照比例分配。破产企业的董事、监事和高级管理人员的工资按照该企业职工的平均工资计算。可见，环境债权未被考虑在清偿要求范围内。澳大利亚和新西兰将环境债权视为最优先的债权，将环境权视为所有债权之上的权利，这大大提高了追缴污染地块调查费用、修复费用的可能性。

## 三、建立污染地块修复基金制度

根据澳大利亚与新西兰的经验，应建立污染地块修复基金制度，用于以下 3 种污染地块的修复：一是经过评估筛选，污染严重必须优先修复的污染地块；二是污染地块没有责任人或责任人难以承担全部或部分责任；三是对于尚未找到责任人的污染地块，可先用污染地块修复基金垫付修复费用，再由环境保护主管部门向责任人追讨相关费用，从而保障污染地块的评估与治理工作及时有效开展。污染地块修复基金的支付范围应包括以下几个方面。

1）政府对污染地块进行的治理和修复行动产生的所有费用。
2）其他人因采取必要的应对措施而产生的相关费用。

3）对污染地块进行评估的合理费用。

4）对处在污染地块潜在危险下的群体进行补偿和相关研究的费用。

5）购买和维护相关设备的费用。

6）对相关工作人员进行健康保护的费用。

污染地块修复基金的资金投向，主要包括修复历史遗留和现有的农业土地污染、工业土地污染、持久性有机物污染和重金属污染等地块。根据每种污染地块不同特性分别投入资金，有助于提高基金的使用效果。对污染责任不明的污染地块，污染地块修复资金由政府承担，以赠款形式支出。对于污染责任明确，但当前缺乏承担修复资金和土壤污染突发事件赔偿能力的企业，污染地块修复基金以贷款形式垫付修复/赔偿费用，以保证地块修复和赔偿的及时性，从而将土壤污染造成的人体健康危害和经济损失降至最低，事后再向污染责任企业追讨地块修复和赔偿资金。

澳大利亚与新西兰针对污染地块的管理早于我国，但相比于美国、加拿大、荷兰等国家，澳大利亚和新西兰的污染地块管理体系仍有漏洞和不足。例如，新西兰仍未建立完整的土壤环境标准体系，其污染地块追责机制和融资机制尚不完善等；澳大利亚虽然在州/地区有各自的污染地块责任认定体系，但没有联邦层面的污染地块管理法律，影响了联邦有关法令的执行效率及相关措施的同步性。污染地块追责面临的共同困境是：污染责任方难认定、污染责任分担难量化、污染地块修复资金分摊难协商等。在这些问题上，澳大利亚和新西兰虽然有一些成熟的做法，但在复杂污染地块的管理中仍与我国面临同样的问题。因此，澳大利亚和新西兰在污染地块管理中如何解决遇到的共性问题，值得我们追踪研究、汲取经验和教训。

# 参 考 文 献

[1] 孙宁，张岩坤，丁贞玉，等. 我国土壤环境管理名录制度实施中的问题分析和对策[J]. 环境工程学报，2020，14（10）：2589-2594.

[2] 林玉锁. 我国土壤污染问题现状及防治措施分析[J]. 环境保护，2014，42（11）：39-41.

[3] 中华人民共和国外交部，澳大利亚国家概况[EB/OL].（2023-11-16）[2023-11-16]. https://www.mfa.gov.cn/web/gjhdq_676201/gj_676203/dyz_681240/1206_681242/1206x0_681244/.

[4] 中华人民共和国外交部. 新西兰国家概况[EB/OL].（2023-11-06）[2023-11-16]. https://www.mfa.gov.cn/web/gjhdq_676201/gj_676203/dyz_681240/1206_681242/1206x0_681244/.

[5] 赵峰，谢永明. 澳大利亚和新西兰的环境管理及政策[J]. 世界环境，2001（1）：14-16.

[6] 蔡斐. 澳大利亚国家环境保护委员会制度初探[J]. 绿色科技，2014（6）：207-209.

[7] Cooperative Research Centre for Contamination Assessment and Remediation of the Environment. Technical Report Series, No. 28: Identification of Existing Guidance for a National Remediation Framework[R]. Adelaide: Australia, 2013.

[8] Cooperative Research Centre for Contamination Assessment and Remediation of the Environment. Technical Report Series, No. 20: Guidance Document for the Revegetation of Land Contaminated by Metal(loid)s[Rl. Adelaide: Australia, 2013.

[9] NSW Environment Protection Authority. Legislation and Compliance[EB/OL]. (2023-11-01) [2023-11-01]. https://wwwepa.nsw.gov.au/licensing-and-regulation/legislation-and-compliance.

[10] 里昂德·伯顿，克里斯·库克林，杜群. 新西兰水资源管理与环境政策改革[J]. 外国法译评，1998（4）：22-31.

[11] 杜群. 新西兰绿色计划：《新西兰资源管理法》述评[J]. 科技与法律，1998（2）：63-70.

[12] 杜群. 新西兰《资源管理法》述评[J]. 世界环境，1999（1）：11-15.

[13] 徐平，周晗隽. 新西兰环境纠纷解决机制及其启示[J]. 湖北大学学报（哲学社会科学版），2015，42（1）：121-128.

[14] NSW EPA Contaminated Sits. Figure 9.3 Contaminated Land Management Act newly regulated sites by contamination type, 2005-2020[EB/OL].（2023-11-01)[2023-11-01]. https://www.soe.epa.nsw.gov.au/all-themes/human-settlement/contaminated-sites#63UPSS.

[15] 高伟. 土壤修复产业规模今年或达 240 亿元[EB/OL].（2017-03-03)[2019-07-30]. http://capital.people.com.cn/n1/2017/0303/c405954-29120713.html.

# 附　　录

## 附录一　污染地块管理程序——以澳大利亚新南威尔士州为例

### 澳大利亚新南威尔士州污染地块管理程序

| 程序 | 流程 | 相关角色 | 责任 | 法律条文 | 法条来源 |
|---|---|---|---|---|---|
| 调查启动 | 居民投诉、企业尽职调查 | 环境保护主管部门；土地污染者/土地所有者；公众 | 当土地进行开发或改变用途时，判定土地的历史使用有潜在污染；土地污染者或土地所有者向EPA报告；有合理理由确定污染的公众向EPA报告 | Assessment of Site Contamination Principles; 8 Stages of Investigation（污染地块评估原则；8个调查阶段）；10 Preliminary Investigation Orders（初步调查令）；60 Duty to Report Contamination（报告污染的责任） | NEPM① CLM② GDRC③ |
| | 环境保护主管部门初步调查及污染确认 | 环境保护主管部门 | 环境保护主管部门接到报告后，根据提供的信息及其他相关信息确定污染是否足够严重；环境保护主管部门根据相关导则及与污染物相关的事项判定是否引起土地污染（若未定义需要监管的污染物性质或水平，则根据具体情况具体分析来确定） | Evaluating the Significance of the Contamination（评估污染程度）；Contamination Significant Enough to Warrant Regulation（污染严重到足以进行监管）；Site Assessment and Audit Process（地块评估与审核流程） | GDRC CLM GNSAS④ |
| | 纳入污染地块管理清单 | 环境保护主管部门 | 环境保护主管部门宣布该土地为调查地段并下令进行调查 | 10 Preliminary Investigation Orders（初步调查令） | CLM |

---

① National Environment Protection (Assessment of Site Contamination) Measure 1999, Office of Parliamentary Counsel, Canberra, Australia (Federal Register of Legislative Instruments F2013C00288).

② Contaminated Land Management Act 1997, Parliamentary Counsel's Office, NSW. (Current version valid from 2015 to date, https://www.legislation.nsw.gov.au/~/view/act/1997/140/full)

③ Guidelines on the Duty to Report Contamination under the CLM 1997, NSW Environment Protection Authority, Sydney.

④ Guidelines for the NSW Site Auditor Scheme, Department of Environment and Conservation NSW, Sydney.

续表

| 程序 | 流程 | 相关角色 | 责任 | 法律条文 | 法条来源 |
|------|------|----------|------|----------|----------|
| 调查与评估 | 调查令 | 环境保护主管部门;土地污染者/土地所有者/公共权力机构;环境顾问/污染地块顾问 | 环境保护主管部门发布调查令,命令执行人员在指定时间内对指定的土地进行初步调查;土地污染者、土地所有者、土地名义所有者、污染物行为人、公共权力机构作为调查令下达的目标主体;向环境保护主管部门提交土地是否被污染及污染物性质和范围等相关调查信息 | 10 Preliminary Investigation Orders (初步调查令)<br>42F Carrying out of Action When Assurer Fails to do so (在保险公司没有采取行动时进行诉讼)<br>1.5 1. Consultant is Commissioned to Assess Contamination (委托顾问评估污染情况) | CLM SA Scheme |
| | 调查方案编制 | 环境顾问/污染地块顾问 | 污染地块顾问提出地块评估方案 | 1.5 Site Assessment and Audit Process (地块评估与审核流程) | SA Scheme |
| | 调查方案审批 | 地块审核员;环境保护主管部门 | 由环境保护主管部门推荐的地块审核员复审污染地块顾问的工作;如果不属于环境保护主管部门的推荐委托,则地块审核员应向环境保护部门报告;地块审核员应向环境保护部门提交调查方案的地块审核声明和地块审核报告 | 1.3 Site Audits in Relation to Contaminated Sites (与污染地块相关的审核)<br>1.5 Site Assessment and Audit Process (地块评估与审核流程)<br>Part 4 Site Audits (地块审核) | SA Scheme CLM |
| | 初步调查与评估 | 污染地块顾问 | 根据相关导则对地块进行初步调查与评估 | 8 Stages of Investigation (调查阶段) | NEPM |
| | 详细调查与评估 | 污染地块顾问 | 初步调查不足以制订地块管理方案时进行详细调查 | 8 Stages of Investigation (调查阶段) | NEPM |
| | 调查结果及报告审批 | 污染地块顾问;地块审核员;环境保护主管部门 | 调查结果报告;地块审核员向 EPA 提交调查结果的地块审核声明和地块审核报告;EPA 发布土地严重污染公报,将该公报作为副本通知土地所有者、土地污染者、土地占有者,与该土地有关的地方政府 | 1.5 Site Assessment and Audit Process (地块评估与审核流程)<br>4.2 Assessment of Site Contamination (污染地块评估)<br>11 Declaring Land to be Significantly Contaminated Land (发布严重污染的地块) | SA Scheme CLM GCR[1]、SDG[2] |
| | 管理计划编写 | 污染地块顾问 | 制订包括修复原因、地块环境评估、合理目标、修复计划在内的修复方案 | 2.3 Site Remedial Action Plan (RAP) (地块修复行动计划) | GCR |
| | 管理计划审批 | 污染地块顾问 | 审核修复计划的合理性及适用性 | 1.3 Site Audits in Relation to Contaminated Sites (与污染地块相关的审核) | SA Scheme |

---

① Guidelines for Consultants Reporting on Contaminated Sites, Office of Environment and Heritage, Sydney.
② Sampling Design Guidelines, NSW Environment Protection Authority, Sydney.

续表

| 程序 | 流程 | 相关角色 | 责任 | 法律条文 | 法条来源 |
|---|---|---|---|---|---|
| 治理与修复 | 管理令 | 环境保护主管部门；土地污染者/土地所有者；公共权力机构 | 土地污染者,土地所有者,土地名义所有者,产生污染的行为人及公共权力机构是管理令下达的目标主体；相关目标主体缴纳保证金；按照调查令、环境保护主管部门建议或地块审核员提交的管理计划执行管理令；一方或多方当事人制订的有关污染地块自愿管理（包括修复）的方案,须经环境保护主管部门批准方生效；为难以确认污染责任或目标主体无支付能力的项目,提供修复基金或环境信托基金,由公共权力机构执行令,完成后按照规定追缴支出 | 13 Choice of Appropriate Person to be Made Subject to Management Order；Division 4 Action by Public Authority（根据管理令选择合适的人选；第 4 章 公共机构的行动）14 Management Orders（管理令）16 Actions that May be Required by Management Order（管理令可能要求的行动）17 Voluntary Management Proposals（自愿管理提案）Division 6 Costs （第 6 章 费用） | CLM |
| | 修复工程实施 | 承包商/污染地块顾问/其他；公共权力机构 | 承包商、污染地块顾问、其他完成修复工程；公共权力机构、从业人员、代理人、承包商完成修复工程 | 31 Duty of Public Authority（公共机构的责任） | CLM |
| | 修复工程监管与验收 | 承包商/污染地块顾问/其他；地块审核员 | 修复工作完成后,承包商或污染地块顾问等报告详细的地块工作实施方案,监管决策报告,验收报告；地块审核员向EPA提交修复工程的地块审核声明和地块审核报告 | 2.4 Stage 4 –Validation and Site Monitoring Reports（第 4 阶段——验证和现场监测报告）4.3 Remediation of Contamination（污染修复）Part 4 Site Audits（第 4 部分 地块审核） | GCR SA Scheme CLM |
| 后续管理 | 风险管理方案编写 | 污染地块审核员 | 污染地块审核员必须在报告中写明持续管理的必要性及实现方法,并评估适宜的地块用途,讨论监管机制可能存在的风险 | 3.3 Site Audit Report（地块审核报告）4.4 Evaluating Land-Use Suitability（土地利用适宜性评估） | SA Scheme |
| | 风险管理审批 | 地块审核员 | 地块审核员向环境保护管理部门提交的后续管理的地块审核声明和地块审核报告 | 4.4 Evaluating Land-Use Suitability（土地利用适宜性评估） | SA Scheme |
| | 风险管理过程实施 | 承包商/污染地块顾问/其他 | 根据不间断地块监测报告对需要继续管理的地块进行监测 | Division 3 Ongoing Maintenance of Management Action （第 3 章 管理行动的持续维护）2.4 Stage 4 –Validation and Site Monitoring Reports （第 4 阶段——验证和现场监测报告） | CLM GCR |
| | 信息管理与公开 | 环境保护主管部门；地方政府 | 对于完成了一次性修复的地块,政府给予相应的证明以利于其交易；对地块信息进行公开与发布 | Division 3 Ongoing Maintenance of Management Action （第 3 章 管理行动的持续维护） | CLM |

注：表中"法律条文"一列中的序号表示法条来源文件中该法条的章节序号。

# 附录二 污染地块修复和管理框架

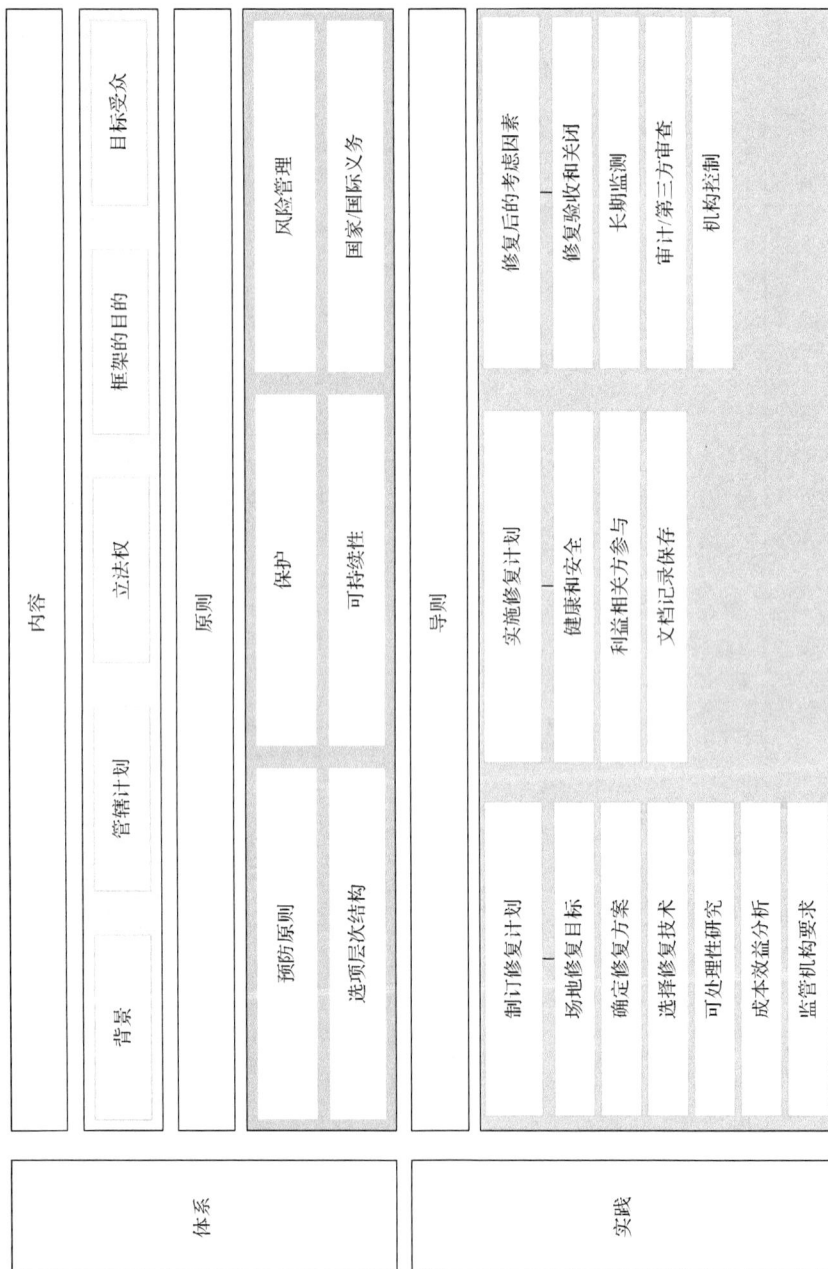

内容

| | 背景 | 管辖计划 | 立法权 | 框架的目的 | 目标受众 |

**原则**

预防原则 选项层次结构 保护 可持续性 风险管理 国家/国际义务

**导则**

制订修复计划 场地修复目标 确定修复方案 选择修复技术 可处理性研究 成本效益分析 监管机构要求 实施修复计划 健康和安全 利益相关方参与 文档记录保存 修复后的考虑因素 修复验收和关闭 长期监测 审计/第三方审查 机构法测

体系

实践

污染地块修复和管理框架